ROOFS

CUBIERTAS

WORK CONCEPTION
Arian Mostaedi

PUBLISHERS
Carles Broto & Josep Mª Minguet

EDITOR
Pilar Chueca

© All languages (except Spanish)
Carles Broto i Comerma
Ausias Marc 20, 4-2
08010 Barcelona, Spain
Tel.: +34 93 301 21 99 Fax: +34 93 302 67 97
info@linksbook.net
www. linksbook.net
ISBN: 84-89861-84-6

© Spanish language
Instituto Monsa de Ediciones, S.A.
Gravina, 43
08930 Sant Adrià de Besòs. Barcelona, Spain.
Tel.: 34 93 381 00 50. Fax: 34 93 381 00 93
monsa@monsa.com
www. monsa.com
ISBN: 84-96096-17-3

Printed in Spain
D.L.: B-24854-2003

introduction

introducción

Roofs were created to meet man's need to protect himself from the elements. Each climate requires a different type of roof according to its specific need for protection. In some areas they must provide protection from harsh sunlight, in others from wind and rain, and sometimes they must provide a system for gathering rainwater. Roofs are the building element that are subject to the greatest changes in temperature, and therefore the greatest expansion and contraction.

Different types of roofs were thus created, with different thicknesses and materials according to the characteristics of each place.

The construction aspect of roofs is undoubtedly significant for their design and maintenance. The choice of one type of roof or another depends fundamentally on the client brief, on the implications of the environment, on the climatic conditions and on the resources available. The construction tends to optimize cost effectiveness. For a roof with certain quality characteristics there may be different technological and budgetary solutions. The roof must be conceived constructively, rationalized and adapted to the variable conditions of its environment.

A roof is considered to be flat when its pitch is no more than 5%. A roof with a pitch of 5-15% is considered a low-pitch roof, and one with a pitch higher than 15% is considered to be a pitched roof. This book presents a review of all these types of roof, their materials and the elements that compose them, with descriptive files and designs by renowned architects. The descriptions are accompanied by an exhaustive set of photographs and plans.

La aparición de las cubiertas surge como la necesidad del hombre de protegerse de las inclemencias de la naturaleza. Cada clima precisa de una cubierta acorde con las necesidades de protección. A veces, se trata de resguardarse de un fuerte sol, otras protegerse del viento y la lluvia, y en otras ocasiones, lo que se quiere aprovechar, recoger y reutilizar es el agua de lluvia, etc. Es el elemento que soporta mayores cambios de temperatura, y por tanto, tiene mayores dilataciones.

De esta manera surgen los distintos tipos de cubiertas, con distintos espesores y materiales derivados de las características de cada lugar. El aspecto constructivo de las cubiertas es indudablemente significativo para su diseño y mantenimiento. La elección de un tipo u otro de cubierta depende fundamentalmente del programa de la edificación, de las implicaciones del entorno, de las condiciones climáticas y de los medios de que se dispone para la ejecución. La construcción tiende a optimizar la relación calidad precio. Para una cubierta con unas determinadas características de calidad pueden existir diferentes soluciones tecnológicas y presupuestarias. La cubierta debe ser concebida constructivamente, debe racionalizarse y adecuarse a las condiciones variables de su entorno.

Una cubierta se considera plana cuando la pendiente de sus faldones es como máximo del 5%. A partir de esta pendiente y hasta el 15% se consideran cubiertas de baja pendiente, siendo la transición entre la cubierta plana y los tejados. En este libro se hace un repaso por todos estos tipos de cubiertas, por sus materiales y por los elementos que las componen, a través de fichas descriptivas y de proyectos de arquitectos de renombre. Todo ello acompañado de un exhaustivo conjunto de fotos y planos.

Types of roofs

Tipologías de las cubiertas

types of roofs / *tipologías de las cubiertas*

There are several criteria for differentiating types of roofs.

In general, three cases can be used to classify roofs in buildings:

- When there is no separation between the roof and the facade
- When the roof is clearly differentiated from the facade
- When the roof is not clearly expressed as such from the point of view of an observer on the street

Existen diversos criterios para establecer tipologías de cubiertas.

En términos generales, se pueden dar tres casos límites para clasificar las cubiertas en las edificaciones:

- Cuando no hay separación entre cubierta y fachada
- Cuando se diferencia claramente la cubierta de la fachada
- Cuando la cubierta no aparece de modo expreso como tal, desde el punto de vista de un observador a pie de calle

Tectoniques Architectes. Centre Logistique (Lyon, France)

Ralf Coussee & Klaas Goris architects. House 9401 in Meise (Meise, Belgium)

Cesar Pelli. Sea Hawk Hotel & Resort (Fukuoka City, Japan)

8

From another point of view, roofs can also be divided into three types:
- Curved roofs: these are formed by surfaces with a simple or double curve
- Pitched roofs: roofs formed by flat sloping surfaces with a sharp pitch that are visible as part of the overall composition
- Flat roofs: formed by flat or gently sloping surfaces that are not visible as part of the overall composition

Desde otro punto de vista, se pueden clasificar las cubiertas también en tres casos:
- Cubiertas singulares: son cubiertas formadas por superficies de simple o doble curvatura
- Tejados: cubiertas formadas por superficies planas inclinadas, con pendientes acusadas y visibles en la composición del conjunto
- Cubiertas planas: formadas por superficies planas de muy poca pendiente que no aparecen visualmente en la composición del conjunto

Michael Graves. The Miramar Hotel (Agouza-Cairo, Egipt)

Beat Consoni. The Gnädinger house (St. Gallen, Switzerland)

Kunihide Oshinomi & Takeshi Semba. Timber Frame House with a Curtain Wall (Shinagawa-ku, Tokyo, Japan)

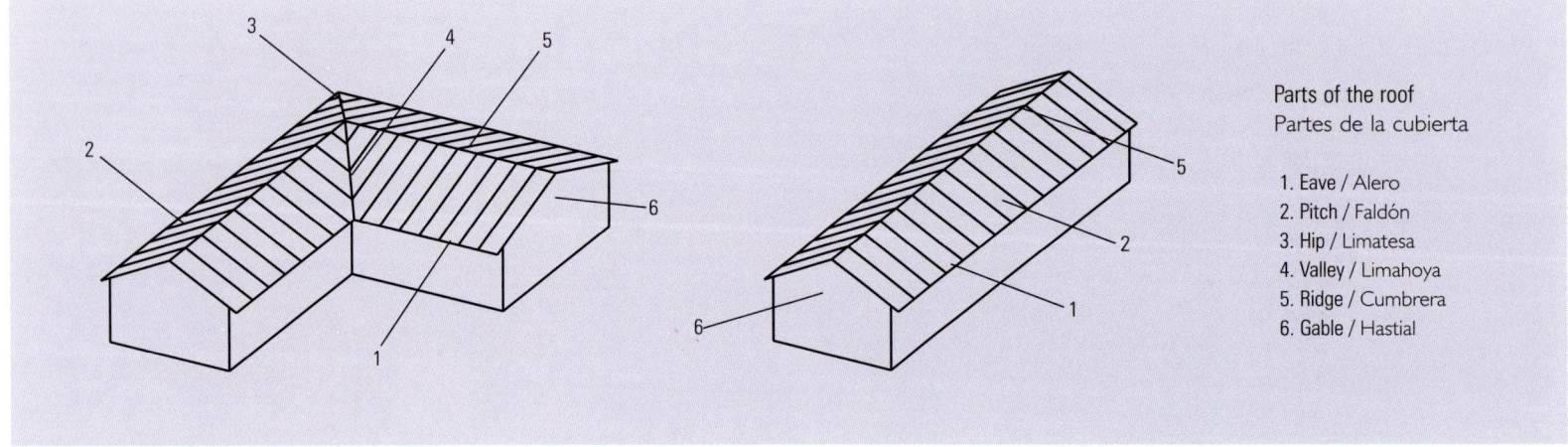

Parts of the roof
Partes de la cubierta

1. Eave / Alero
2. Pitch / Faldón
3. Hip / Limatesa
4. Valley / Limahoya
5. Ridge / Cumbrera
6. Gable / Hastial

For practical purposes, these general groups can be further subdivided:
Sloping or pitched roofs are divided according to their ridges and valleys:
- Simple: when they have no valleys
- Compound: when there is at least one valley. These are formed by combining two or more simple roofs

Prácticamente, se puede hacer una clasificación más detallada en la que se subdividen estos grupos generales:
Las cubiertas inclinadas o tejados se dividen en función de sus limas en:
- Simples: cuando no exiten limahoyas
- Compuestas: cuando hay como mínimo una limahoya. Surgen de la combinación de dos o más cubiertas simples

Louis Kloster. Sola Ruin Church (Jaeren, Norway)

Beat Consoni. The Gnädinger house (St. Gallen, Switzerland)

Simple roofs are classified according to their pitch as:
- Shed roofs: these have a single pitch and are also called pent roofs.
- Gable roofs: these have two pitches and can be normal roofs, butterfly roofs, sawtooth roofs and mansard roofs.
- Hip roofs: these have four pitches; if they have the same width they are called pavilion roofs, and if two of the pitches are less wide than the other two they are called gambrel roofs.
- Polyhedral roofs: these are roofs that are formed by more than four pitches, and they include pyramids and steeples, and other types of roofs with complicated forms.

Las cubiertas simples se clasifican en función de sus faldones en:
- A un agua: son cubiertas de un solo faldón, también llamadas tejadillos.
- A dos aguas: son cubiertas de dos faldones, que pueden tener las variaciones de normal, en mariposa o "V", en diente de sierra y en mansarda.
- A cuatro aguas: constan de cuatro faldones, que si tienen la misma amplitud se trata de cubiertas de pabellón, y si dos de los faldones tienen poca amplitud respecto a los otros dos, estamos frente a cubiertas a la holandesa.
- Cubiertas poliédricas: son aquellas cubiertas que están formadas por más de cuatro faldones entre las que se encuentran las pirámides o flechas, y otros tipos de cubiertas de formas complicadas.

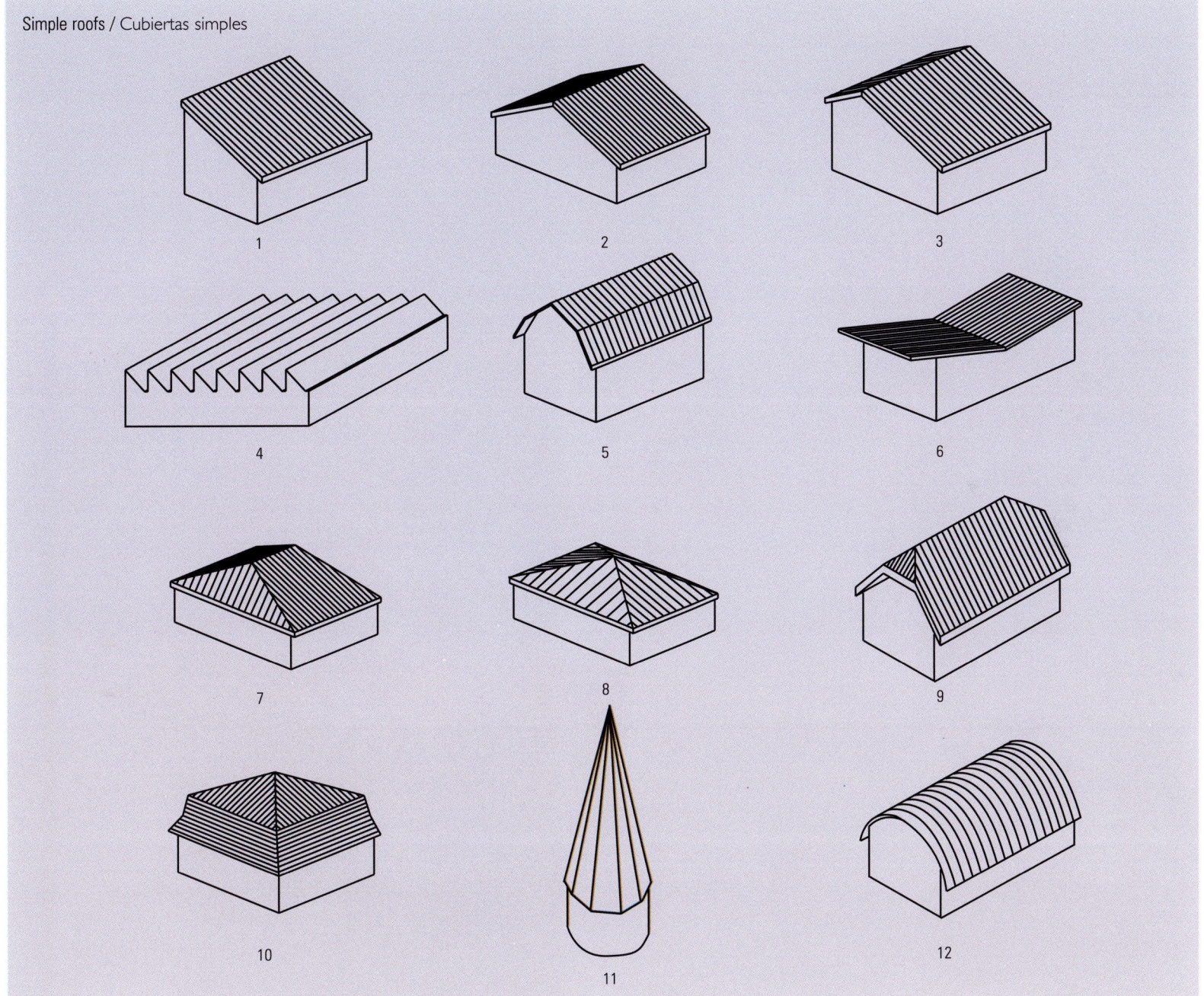

Simple roofs / Cubiertas simples

1. Monopitch roof / A un agua
2. Normal roof / Normal
3. Sawtooth roof / En diente de sierra
4. Sawtooth roof / En diente de sierra
5. Gambrel roof / En mansarda a dos aguas
6. Butterfly roof / En mariposa o en "V"
7. Hip roof / A cuatro aguas
8. Pavilion roof / Pabellón
9. Clipped gable or jerkin head roof / Holandesa
10. Mansard roof / En mansarda a cuatro aguas
11. Polyhedral roofs / Poliédrica
12. Barrel roof / Abovedada

Behnisch & Partner. Vocational School (Öhringen, Germany)

Bearth & Deplazes Architekten AG, Chur. Wohnhaus Willimann-Lötscher (Sevgein, Switzerland)

Rob Dubois & Shuichi Kobari. Sasaki-Tei (Tsukidate, Japan)

Ignacio Capitán. De Sastrería a Viviendas (Sevilla, Spain)

Centerbrook Architects & Planners. Martha's Vineyard (New England Island, USA)

Ferro-Otero. Casa Camídio (Bombhinas, Brazil)

Tadao Ando. Fabrica Benetton Research Center (Treviso, Italy)

Fisher-Friedman Associates. Los Esteros Apartment (San José, USA)

Architekturbüro Gasparin & Meier. Badehaus Ebenberger (Sifflitz, Austria)

Adolf H. Kelz & Hubert Soran. Mittermayer's House (Salzburg, Austria)

Kurt Ackermann und Partner. Sewage Treatment Plant (Munich, Germany)

Fernau & Hartman Architects, Inc. Anderson / Ayers House (Nicasio, California, USA)

13

Flat roofs can also be classified initially as follows:
- Cold roofs: when the roof has a ventilated cavity between the support of the roof and the structural base to dissipate the heat in warm climates.
- Warm roofs: when there is no air cavity and therefore the roof and supporting elements rest on the structural base.
- Inverted roofs: these are a variant of warm roofs, so they have no air cavity, but the layer of thermal insulation is located above the waterproof layer to protect it. They can be further classified as follows:
- Walk-on roofs
- Inverted roofs, with a protective finish of gravel or insulating slabs.
- Self-protected roofs not suitable for walking on
- Green roofs
- Deck-type or industrial roofs
- Flooded roofs
- Parking roofs

Al igual que en las inclinadas, se puede hacer una primera clasificación general de las cubiertas planas:
- Cubierta fría: cuando la cubierta dispone de cámara ventilada entre el soporte de la cobertura y la base estructural, disipando el calor en climas cálidos
- Cubierta caliente: cuando no existe cámara de aire y por tanto los elementos de cobertura y soporte descansan sobre la base estructural
- Cubierta invertida: es una variante de la cubierta caliente, por tanto sin cámara de aire, en la que la capa de aislamiento térmico se sitúa encima de la capa de impermeabilización para protegerla
A partir de aquí se puede hacer una clasificación más detallada:
- Cubierta transitable
- Cubierta invertida, con acabado protector de grava o de losa aislante.
- Cubierta autoprotegida no transitable
- Cubierta ajardinada
- Cubierta *deck* o industrial
- Cubierta inundada
- Cubierta aparcamiento

Henri Edouard Ciriani. Casa en Playa Escondida (Playa Escondida, Lima, Peru)

Graham Phillips. Skywood house (Middlessex, UK)

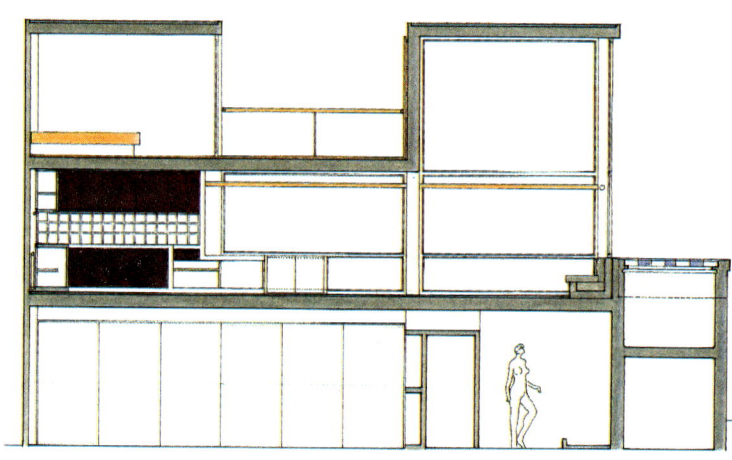

Cross section / Sección transversal

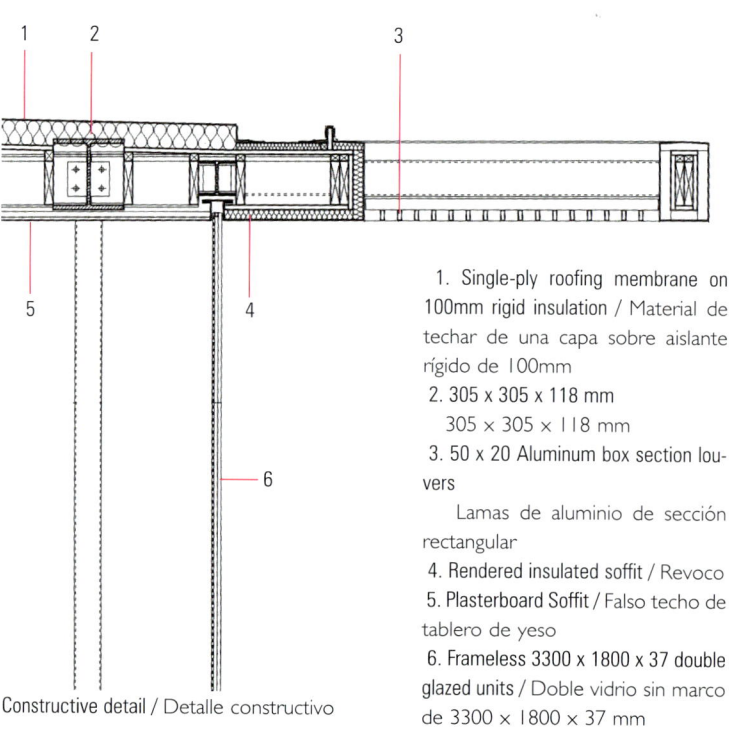

Constructive detail / Detalle constructivo

1. Single-ply roofing membrane on 100mm rigid insulation / Material de techar de una capa sobre aislante rígido de 100mm
2. 305 x 305 x 118 mm
305 × 305 × 118 mm
3. 50 x 20 Aluminum box section louvers
Lamas de aluminio de sección rectangular
4. Rendered insulated soffit / Revoco
5. Plasterboard Soffit / Falso techo de tablero de yeso
6. Frameless 3300 x 1800 x 37 double glazed units / Doble vidrio sin marco de 3300 × 1800 × 37 mm

Avant Travaux. Centre de Restauration (Colombes, France)

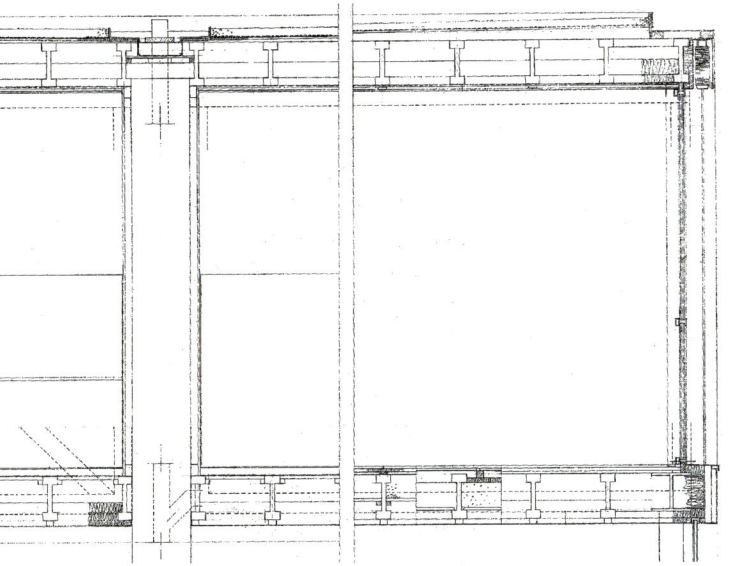

PAUHOF Architekten. House P (Gramastetten, Austria)

Dieter Thiel. Bangert Studio and house (Schopfheim, Germany)

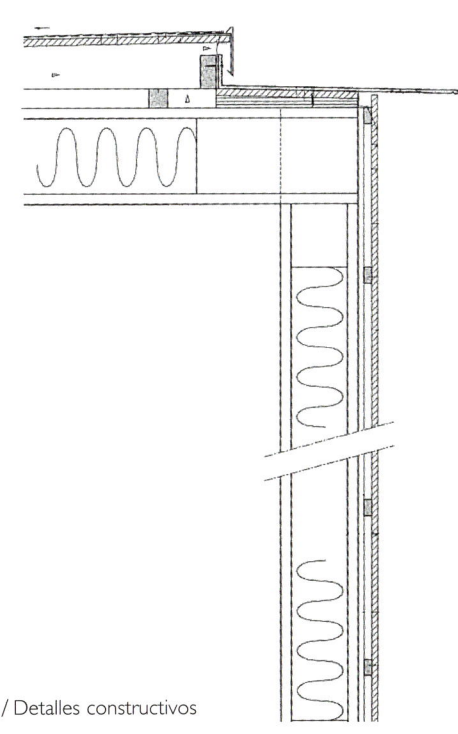

Construction details / Detalles constructivos

As an element for sealing the building, the roof must perform the general functions of protection and insulation, and it must therefore meet the following requirements:
- Acoustic insulation from aerial and impact noise: the widespread use of light roofs has made this requirement more important. Suspended ceilings should be used to contribute to the acoustic insulation.
- Thermal insulation: the incident heat affecting the building by direct radiation is an important factor in the thermal balance. As it is impossible to prepare materials that selectively reflect the thermal radiation in summer and absorb it in winter, a double roof solution is required, in which the outer part takes advantage of the solar gain and the inner part creates shade and collects rainwater for cooling.
- Waterproofing: as the pitch of the roof increases, so does the rate at which the water runs off it, reducing the amount of time it remains on the roof and the risk of penetration. Success lies in the use of materials with a low water absorption coefficient and elements that are as large as possible in order to reduce the number of joints and the risk of filtration.
- Wind protection: in order to be windproof the roof must rest on a continuous slab formed by joists and a sealed upper deck, thus creating a roof that is more exposed to solar radiation and damp.
- Static and dynamic stability: the roof must support its own weight, extra loads caused by use, water, snow or hail, and also the suction of the wind.
- Fire safety: the structure of the roof must offer fire stability (FS) to allow the evacuation of the inhabitants. The resistance to fire (RF) of the roof deck must not be excessive because it is one of the escape routes for fumes and heat.
- Finally, the durability and compatibility of the materials must be ensured.

La cubierta como elemento de cerramiento del conjunto debe cumplir las funciones de protección y aislamiento generales de los cerramientos, y por tanto debe cumplimentar las condiciones siguientes:
- Aportar aislamiento acústico de ruidos aéreos o de impacto: la proliferación de cubiertas ligeras ha puesto de actualidad esta exigencia. Debe disponerse de cielos rasos aislantes que colaboren en el aislamiento acústico.
- Aportar aislamiento térmico: el calor incidente en el edificio por radiación directa es un factor importante en el equilibrio térmico. Frente a la imposibilidad de disponer materiales reflectantes que actúen selectivamente reflejando la radiación térmica en verano y absorbiéndola en invierno, se necesita de una solución de doble cubierta en la que la parte exterior aprovecha la captación solar y en la parte interior se aprovecha la creación de sombras y la recogida de precipitaciones para la refrigeración.
- Estanqueidad al agua: al aumentar la pendiente de los faldones se incrementa la velocidad con la que el agua se desliza por la cubierta, reduciéndose el tiempo de presencia del agua y el riesgo de penetración. El éxito reside en la utilización de materiales con un bajo coeficiente de absorción del agua y en la formación de piezas del mayor tamaño posible, para reducir el número de juntas y el riesgo de filtración.
- Estanqueidad al viento: para que la cubierta sea estanca al viento debe apoyarse en un forjado continuo formado por un envigado y un tablero superior estanco con lo que la cubierta queda más expuesta a la radiación solar y a la humedad.
- Estabilidad frente a las acciones estáticas y dinámicas: la cubierta debe soportar su peso propio, las sobrecargas por uso, agua, nieve o granizo, y además la succión del viento.
- Seguridad frente al fuego: la estructura de la cubierta debe ser estable al fuego (EF) para permitir la evacuación de los habitantes. La retardabilidad (RF) del cerramiento de cobertura no debe ser excesiva ya que es una de las vías de evacuación de gases y calor. Y por último:
- Asegurar la durabilidad y compatibilidad de los materiales.

MVRDV. Villa VPRO (Hilversum, The Netherlands)

RoTo Architects. Warehouse C (Nagasaki, Japan)

José Gigante. Laboratório Nacional de Investigação Veterinária (Vairão, Vila do Conde, Portugal)

Szyszkowitz + Kowalski. Housing Complex Schießstätte (Graz, Austria)

Mario Botta. House in Daro-Bellinzona (Daro, Switzerland)

Mikan. New NKH Broadcast Station (Nagano, Japan)

Pitched roofs

Cubiertas inclinadas

pitched roofs / *cubiertas inclinadas*

Pitched roofs are the traditional and most common type due to their ease of construction. They are composed of a covering material and a structure which is totally different to that of the rest of the floors.

The structure is the part that has undergone the greatest number of changes in the course of time.

The technological contribution is not always aimed at achieving greater spans. Sometimes the aim is to create a spectacular space, and on certain occasions roofs with a dual order have been created: one responding to the exterior and one responding to the interior.

Pitched roofs have evolved toward a separation of the layer that provides protection from the rain and the layer that provides thermal protection, with a ventilation space between them that dries any moisture and acts as a thermal regulator.

The sloping surfaces of the roof ensure that it is watertight: as the pitch increases, the water runs off faster and remains on the roof less time, so there is a lower risk of penetration. To guarantee waterproofing, materials with a low water absorption coefficient should be used, and the elements should be as large as possible in order to reduce the number of joints through which water could penetrate. The joints are protected by overlapping the elements to prevent water from filtering through. Though the overlapping joints were initially open, they are now sealed to avoid penetration of windblown water.

The incident heat on the roof due to direct radiation should be considered a high-priority factor. It causes considerable thermal movement in roofs that requires the joints to be sealed with elastic mortars to allow deformation. The function of thermal insulation is to reduce the rate of transmission of heat through the roof.

To extend their useful life, roofs should be well maintained and inspected twice a year. One visit before a rainy period to clean them and check the waterproofing, and one visit after the rainy period to repair any damage. A further visit should be carried out every five years to check the condition of the materials.

As pitched roofs are usually covered with small elements, it is very easy to replace them in the event of damage. In pitched roofs that are visible from the interior, it is easy to detect any damage and even to repair it from the inside.

Lastly, it must be taken into account that steep pitches allow shorter overlaps to be used, but the tiles must be fixed to the structure to prevent them from falling off.

A. Curved ceramic tile (mortar) / Teja cerámica curva (mortero)
B. Plain ceramic tile (mortar) / Teja cerámica plana (mortero)
C. Plain ceramic tile (nailed) / Teja cerámica plana (clavada)
D. Plain cement tile (mortar) / Teja cemento plana (mortero)
E. Plain cement tile (nailed) / Teja cemento plana (clavada)
F. Glass / Vidrio
G. Asbestos cement / Fibrocemento
H. Copper / Cobre
I. Slate / Pizarra
J. Polyester / Poliéster
K. Metal / Metálicas
L. Lead / Plomo
M. Bituminous membranes / Láminas bituminosos
N. Plastic membranes / Láminas plásticas
O. Synthetic pastes / Pastas sintéticas

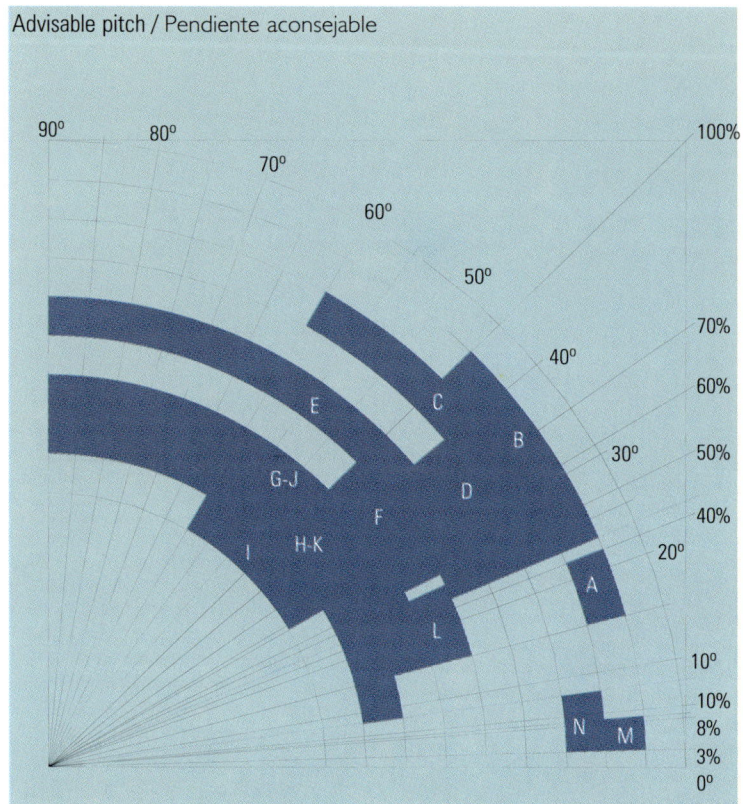

Advisable pitch / Pendiente aconsejable

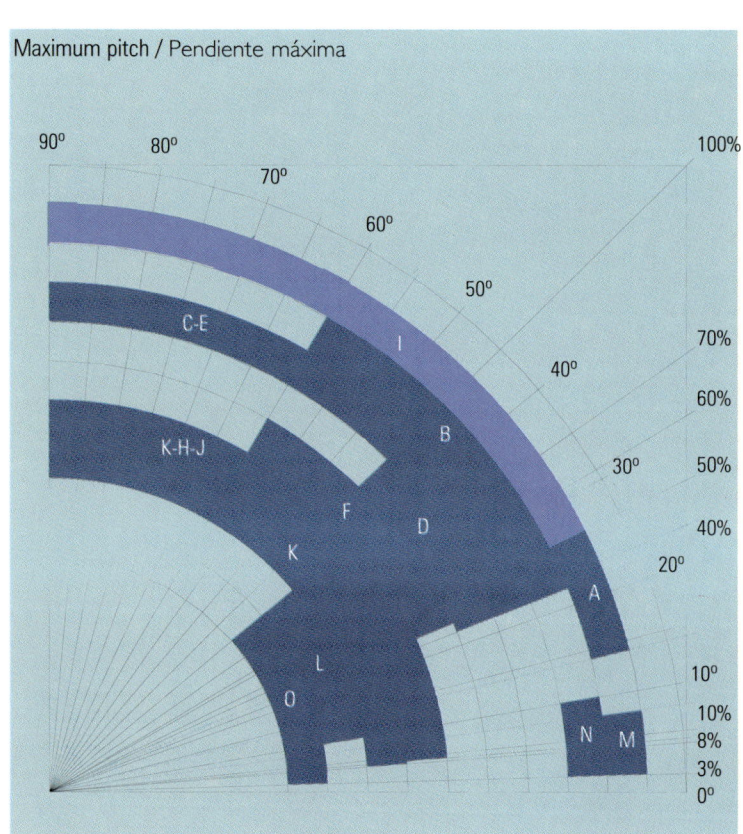

Maximum pitch / Pendiente máxima

Las cubiertas inclinadas son la forma tradicional de cubrimiento más extendida por su facilidad constructiva. Sus soluciones responden, por un lado, al material de cobertura y, por otro, a su estructura, que se concibe de forma completamente distinta a la del resto de las plantas.

La estructura es la que ha sufrido mayores cambios a lo largo del tiempo. El aporte tecnológico no siempre persigue conseguir mayores luces, sino que a veces su intención es la de lograr un espacio espectacular y en determinadas ocasiones se han creado cubiertas con un doble orden: uno que responde al exterior y otro al interior.

Las cubiertas inclinadas han evolucionado hacia una separación por capas, desligando la que protege del agua de la que aporta la protección térmica, con un espacio de ventilación entre ambas que seca las posibles filtraciones y actúa como regulador térmico.

Las superficies inclinadas de la cubierta aseguran la estanqueidad frente al agua ya que cuanto mayor sea su inclinación mayor será la velocidad de escorrentía del agua por sus pendientes, reduciéndose el tiempo de presencia del agua y el riesgo de penetración. Para garantizar la estanqueidad se deben utilizar materiales con un bajo coeficiente de absorción de agua, y piezas de un mayor tamaño posible, reduciéndose así el número de juntas por las que pudiera penetrar el agua. Las juntas quedan protegidas mediante el solape de las piezas, de manera que el agua no es capaz de remontar la fuerza de la gravedad, y no penetra en el interior. Las juntas de solape que en un principio estaban abiertas, acaban tapándose, para que las humedades de infiltración no penetren debido a la acción del viento.

El calor incidente en la cubierta por radiación directa es un factor que debe considerarse prioritario. Debido a ello, las cubiertas sufren importantes movimientos térmicos que exigen que los sellados de las juntas se hagan con morteros elásticos, para permitir las deformaciones. La función del aislamiento térmico es la de disminuir la velocidad de transmisión del calor a través de los cerramientos.

Para garantizar la durabilidad de las cubiertas se debe disponer de un buen mantenimiento, con un seguimiento de dos visitas al año. Una visita antes de un período lluvioso para su limpieza y controlar su estanqueidad. Y otra visita después de este período de lluvias para reparar los desperfectos ocasionados. Por otro lado, se debe realizar una visita cada cinco años, para comprobar la durabilidad de los materiales.

Como las cubiertas inclinadas suelen estar revestidas por piezas pequeñas, resulta muy fácil su sustitución en caso de estar dañadas. Las cubiertas inclinadas que quedan visibles por debajo, desde el interior, permiten detectar fácilmente los daños, e incluso repararlos desde allí.

Por último, hay que tomar en cuenta que cuanto mayor sea la pendiente, menor puede ser la longitud de solape, pero también hay prever que una mayor pendiente obliga a fijar las piezas a la estructura para que no caigan.

Jan Störmer Architekten. Stadtlagerhaus (Hamburg, Germany)

de Architekten Cie. the Whale (Amsterdam, The Netherlands)

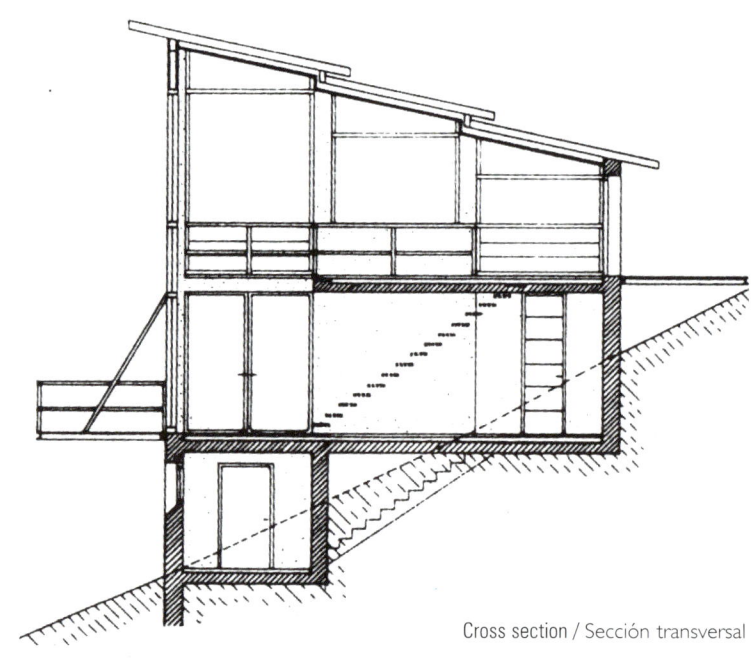

Cross section / Sección transversal

The steppd roof is practically perpendicular to the steep slope of the land, opening the interior space toward the magnificent landscape surrounding the dwelling.

La cubierta escalonada se mantiene prácticamente perpendicular a la fuerte pendiente del terreno, abriendo el espacio interior hacia el magnífico paisaje que rodea la vivienda.

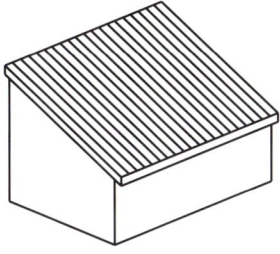

Margarethe Heubacher-Sentobe. House for a Musician (Tyrol, Austria)

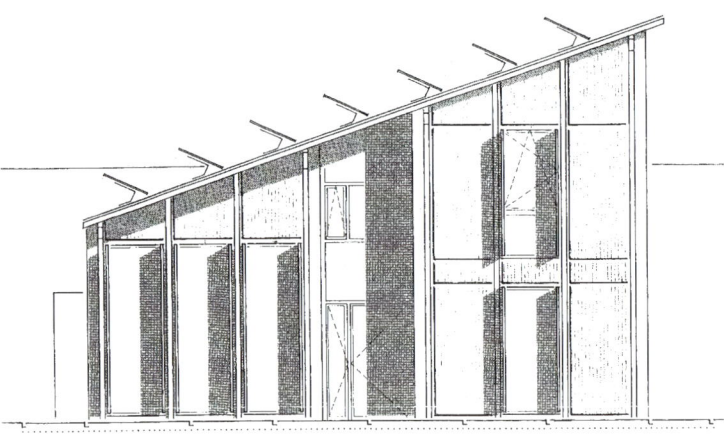

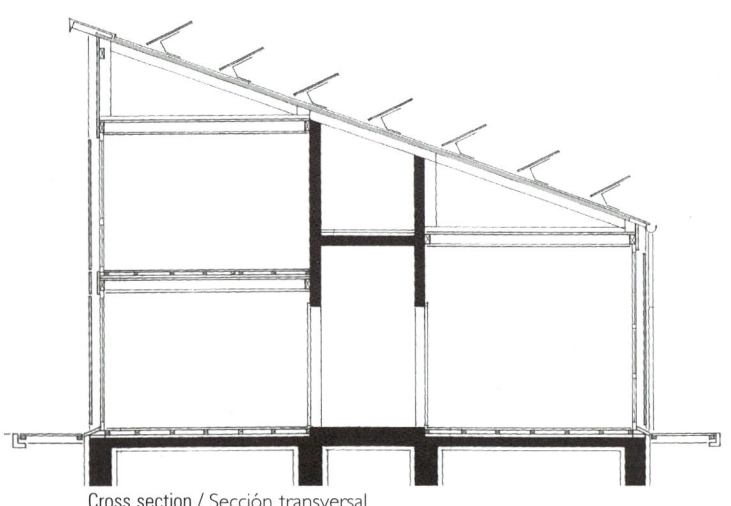

Kister Scheithauer Gross. Mach House (Dessau-Mosigkau, Germany)

The single-pitch roof slopes towards the west and consists entirely of double-web Macrolon panels with wooden hinged slats. The roof slat position has been selected to ensure that the low winter sun will heat the air above the collector chamber to provide room heating via a heat exchange process.

Las vertientes del techo tienen una única inclinación hacia el oeste y consisten en paneles de Macrolon de doble tejido con lamas de bisagra. La posición de la lama del techo ha sido elegida para asegurar que en invierno la baja posición del sol caliente el aire encima de la cámara de recolección para proporcionar calefacción en las habitaciones mediante un proceso de intercambio calorífico.

South elevation / Alzado sur

Cross section / Sección transversal

Roof plan / Planta cubierta

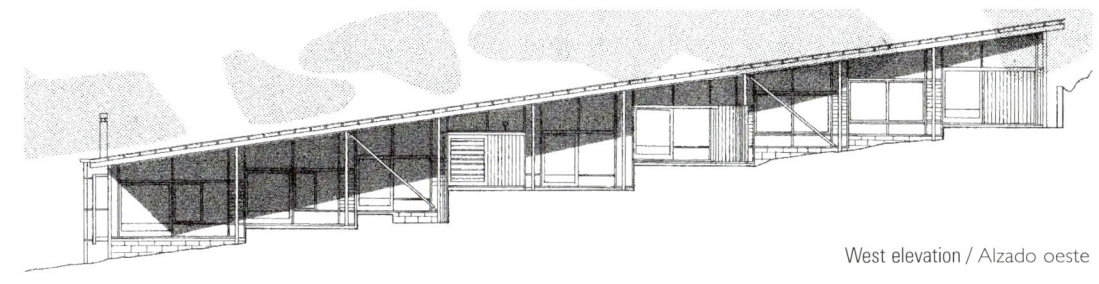

Pete Bossley, House in Bay of Islands (Bay of Islands, New Zealand)

The shed roof gets wider as it falls towards the lower levels, and provides up to 3 m of shade on the wooden terraces of each room. It is 40 m long, suspended on the walls, and supported on a laminated wood frame.

Se diseñó una cubierta que se va ensanchando a medida que se acerca a los niveles inferiores, llegando a proporcionar hasta 3 m de sombra sobre las terrazas de madera que tiene cada habitación. Esta cubierta, de una sola inclinación y de 40 m de largo queda suspendida sobre los muros y su apoyo se consiguió por medio de un armazón hecho de madera laminada.

West elevation / Alzado oeste

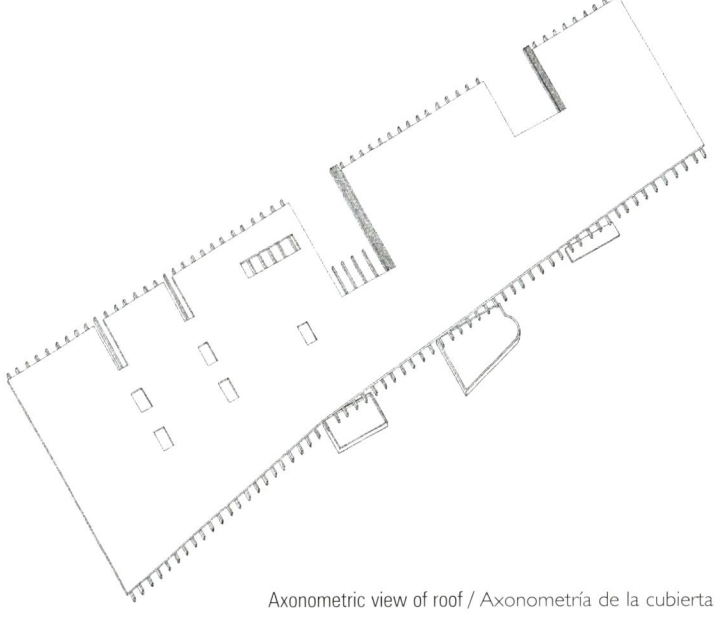

Axonometric view of roof / Axonometría de la cubierta

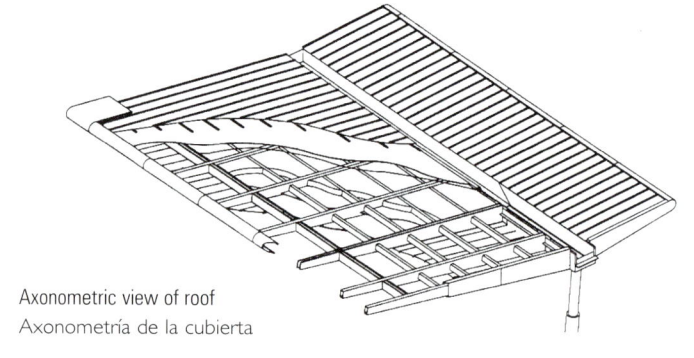

Axonometric view of roof
Axonometría de la cubierta

A part of the roof is designed in a light metal butterfly style floated away from plane walls.

Parte del techo se diseñó al estilo de ligera mariposa de metal que se desprende flotando de los muros en plano.

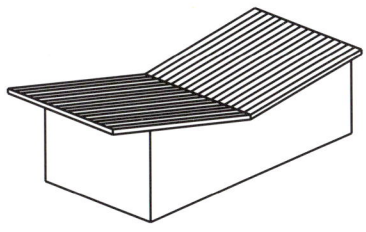

Bednar & Shi. Residence 8 (Singapore)

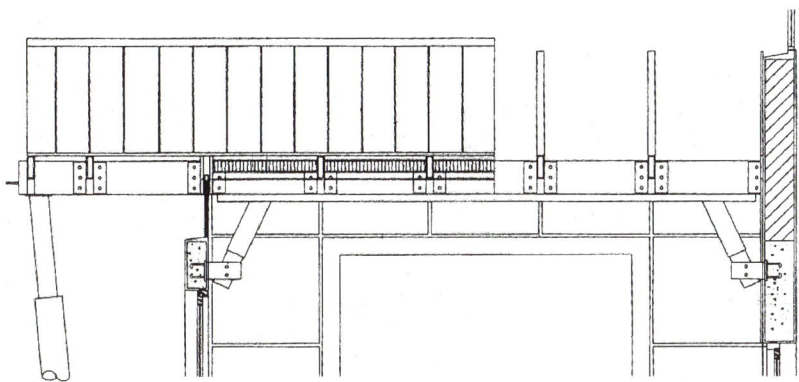

Longitudinal section of butterfly roof / Sección longitudinal a través de cubierta en "V"

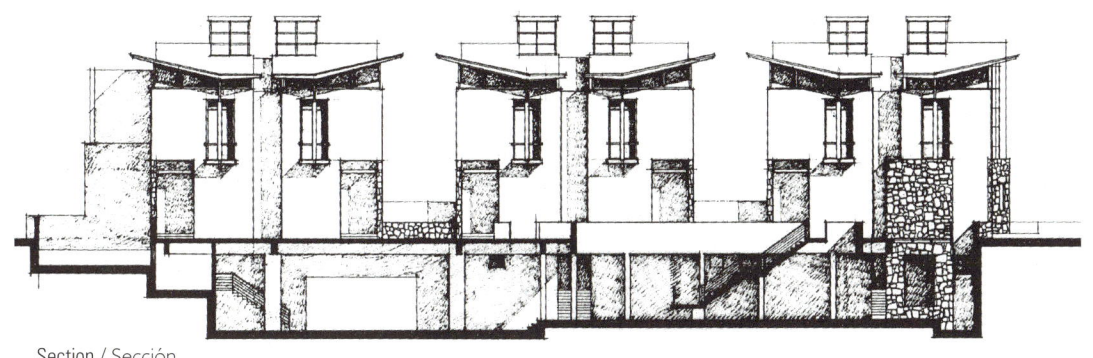

Section / Sección

The incorporation of another small building a few meters from the end of the dwelling -a warehouse with a butterfly roof- creates a slight break with the order established by the main building, which has a gable roof.

La incorporación de otro pequeño edificio a pocos metros del extremo de la vivienda -un almacén con una cubierta en "V"- rompe ligeramente con el orden establecido por el edificio principal, en el que la cubierta es a dos aguas.

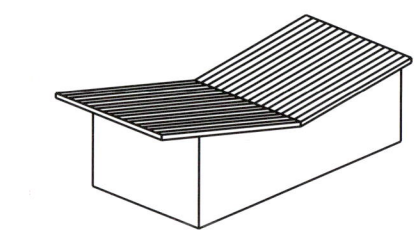

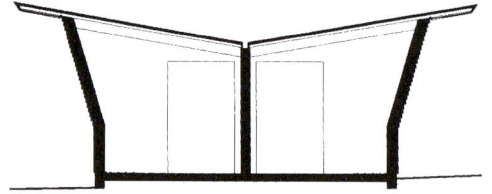

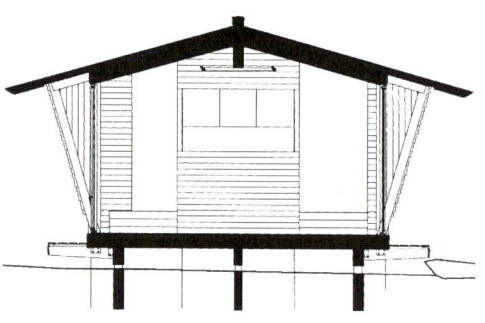

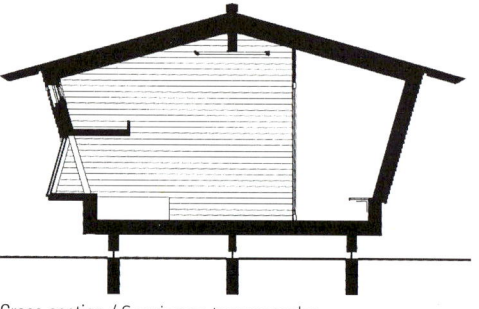

Cross section / Secciones transversales

28

North West elevation / Alzado noroeste

Jean-Paul Bonnemaison. Maison en Lubéron (Lubéron, France)

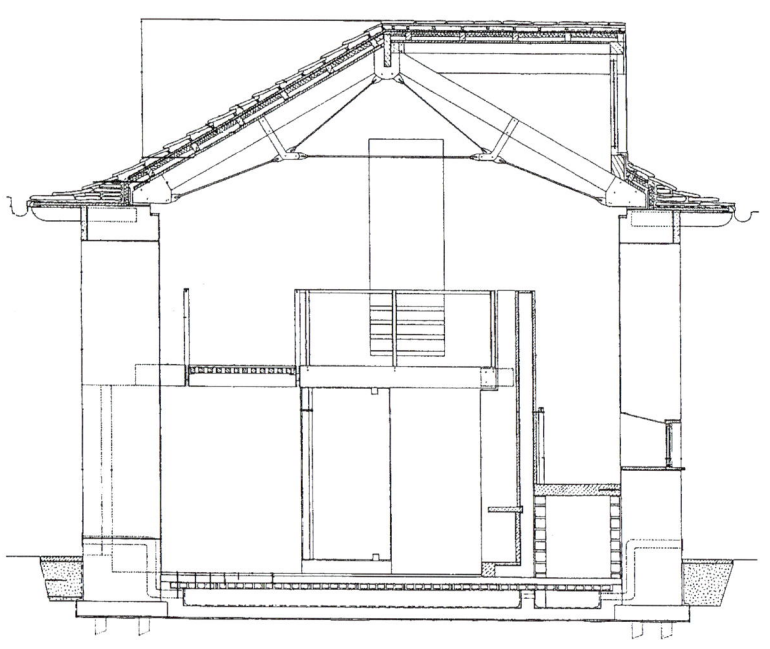

Section through atrium / Sección a través del vestíbulo

Mauro Galantino & Federico Poli (Studio 3). Casa sul lago d'Orta (Orta S. Giulio, Italy)

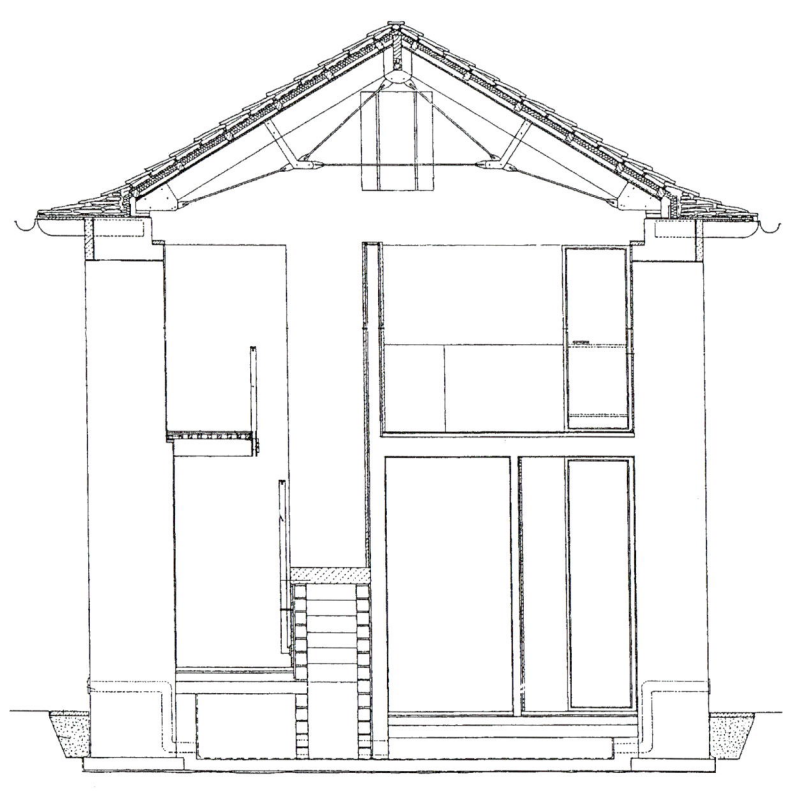

Section through living-room / Sección a través del salón

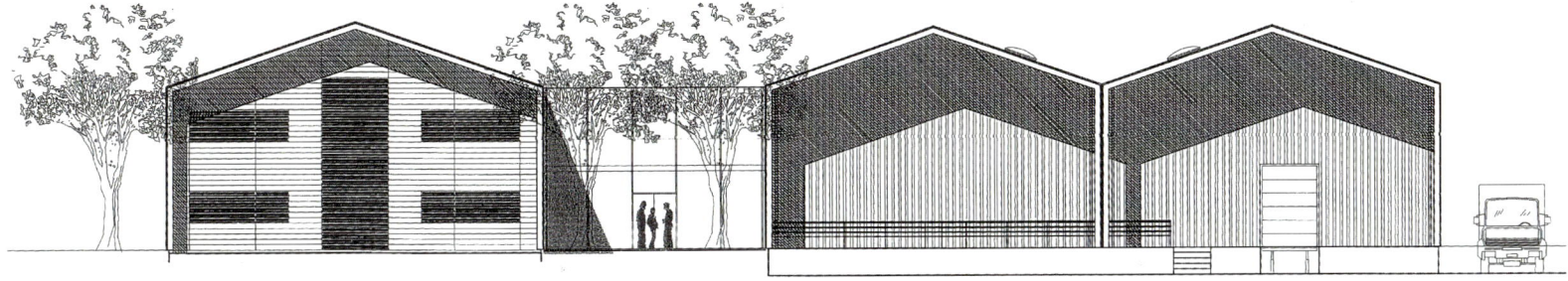

East elevation / Alzado este

Jacques Ferrier Architecte. Total Energie offices & workshops (La Tour de Salvagny, France)

31

The house is situated in a relatively steep incline in the midst of a development of single family houses, setting a significant alternative to the rapidly expanding gable roof-reality of the surroundings. For the house does contain a play on the otherwise standard gabled-form, the sixty degree slope to the concrete slab of the roof looks like a metaphor, albeit a contemporary one. The lamella skin on the west façade which casts a comfortable shadow onto a deck-like terrace, especially in the afternoon, also adds to the marked apperarance of the building. The glazing of one of the gables of the double-sloping roof has allowed the architects to infuse the home's interior with natural light and views.

Esta vivienda está emplazada en un terreno accidentado y representa una alternativa destacable al creciente desarrollo de casas con cubierta a dos aguas de la zona. La pendiente de 60° que forma el bloque de cemento del techo parece una metáfora contemporánea, mientras que la cubierta laminar de la fachada oeste proyecta, especialmente por la tarde, una agradable sombra en una terraza con forma de cubierta, a la vez que contribuye a resaltar la personalidad del edificio. El acristalamiento de uno de los faldones de la cubierta a dos aguas ha permitido a los arquitectos dotar al interior de la vivienda de luz natural y vistas.

Hermann & Valentiny et Associès. Haus am Seitweg (Klosterneuburg, Vienna, Austria)

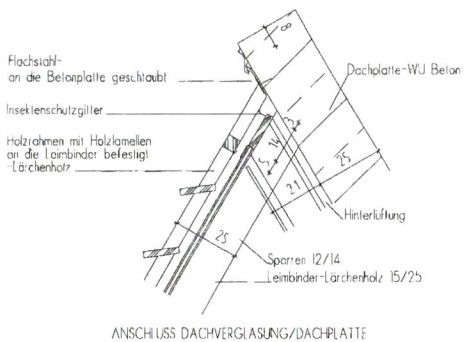

Flachstahl-
an die Betonplatte geschraubt
Insektenschutzgitter
Holzrahmen mit Holzlamellen
an die Leimbinder befestigt
Lärchenholz

Dachplatte-WU Beton

Hinterlüftung

Sparren 12/14
Leimbinder-Lärchenholz 15/25

ANSCHLUSS DACHVERGLASUNG/DACHPLATTE

DACHPLATTE - HORIZONTAL SCHNITT

AUFBAU DACHPLATTE:

25cm-Sichtbetondachplatte (B300)
3/5cm Lattung/Hinterlüftung
14cm-FDPL
2,4cm-Sparschalung
Dampfbremse
0,9cm-Birkenplatten

Construction details / Detalles constructivos

Philip Gumuchdjian. D.P. Rhink Tank / Boathouse (Skibbereen, Country Cork, Ireland)

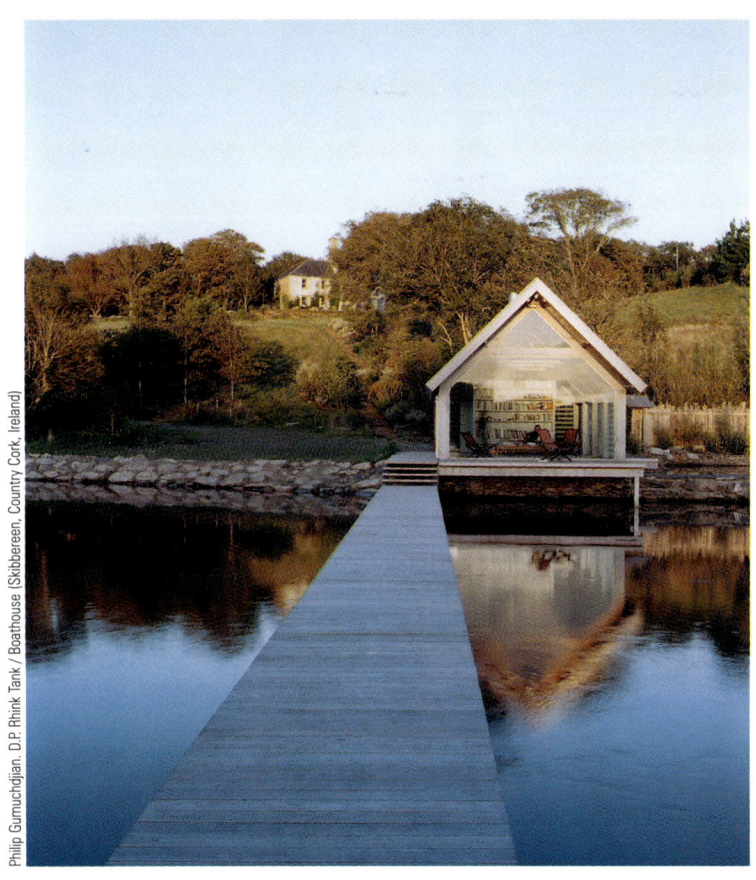

The dominant element of the design is the overhanging roof structure which provides physical and psychological protection from the considerable annual rainfall.

El elemento dominante en el diseño de la vivienda es la estructura de la cubierta a dos aguas que protege tanto físicamente como psicológicamente a sus inquilinos de las abundantes precipitaciones anuales que acostumbran a caer en esta zona.

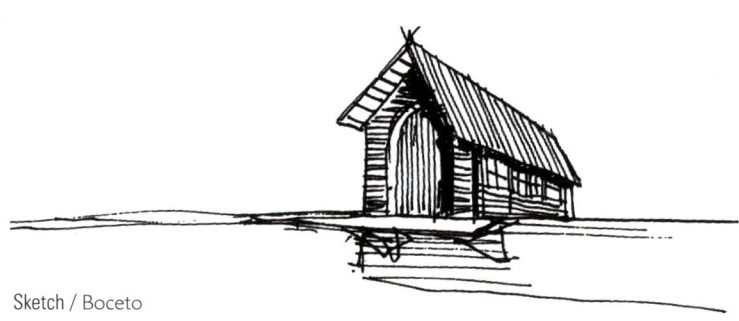

Sketch / Boceto

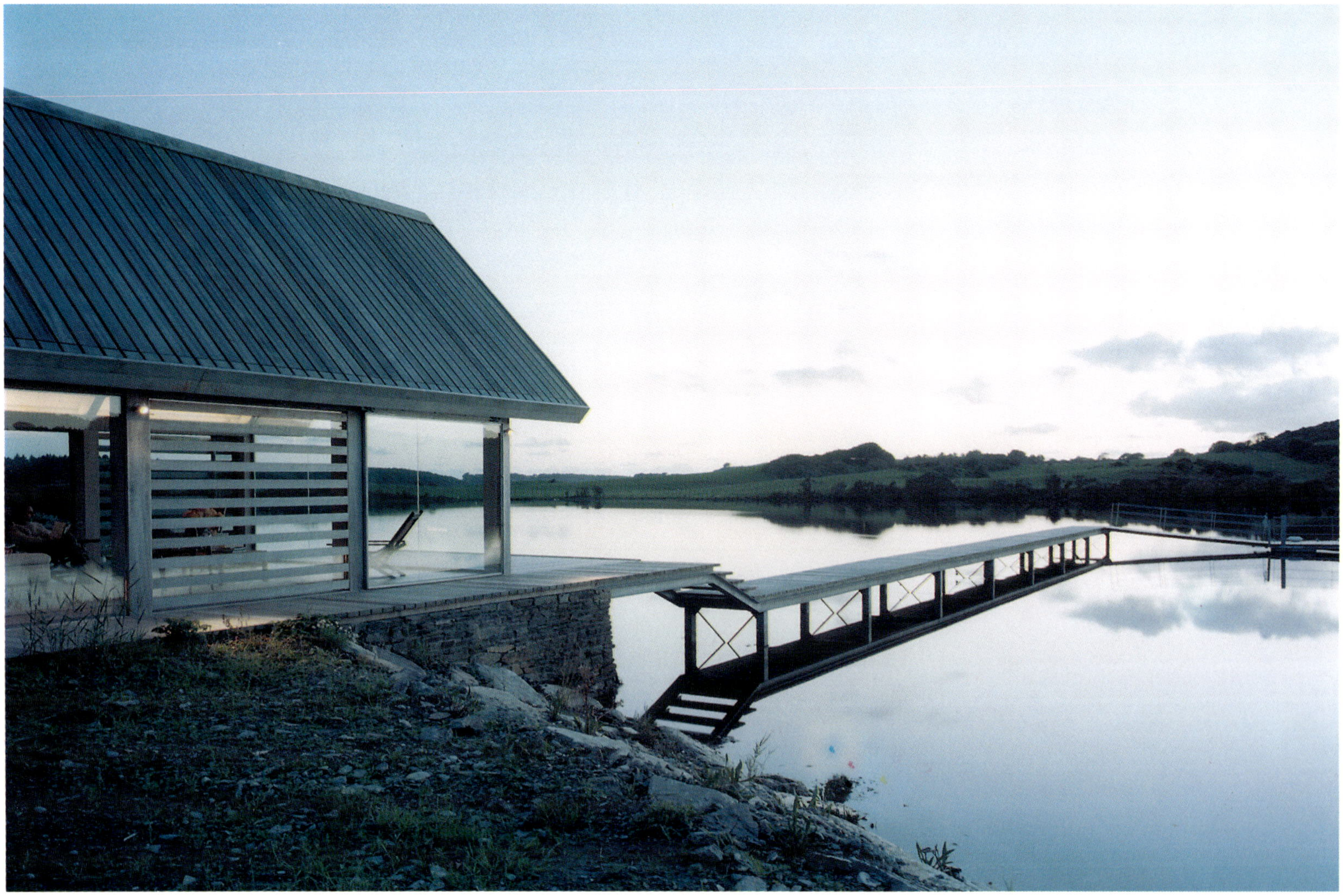

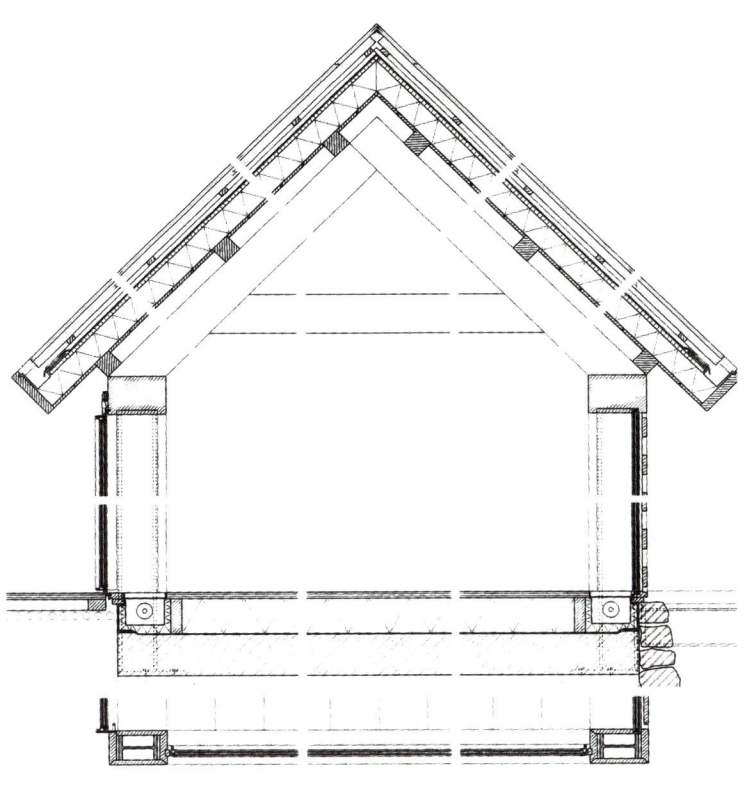

Cross section / Sección transversal

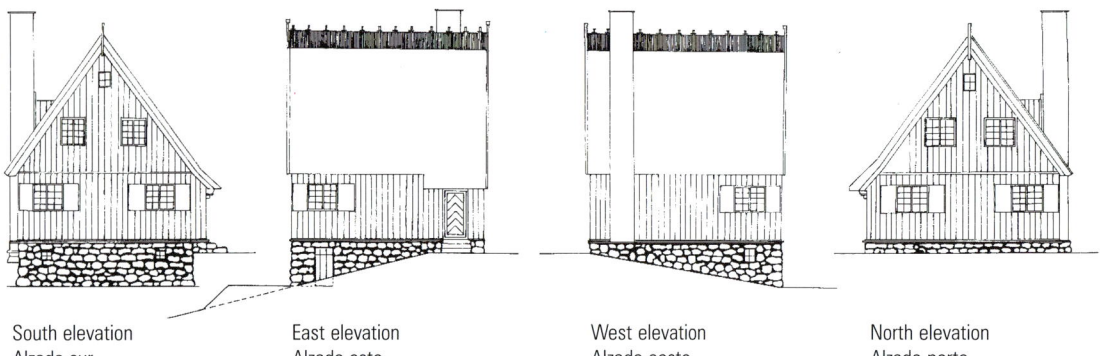

South elevation
Alzado sur

East elevation
Alzado este

West elevation
Alzado oeste

North elevation
Alzado norte

The exterior of this building constructed in 1904 has been restored by faithfully respecting the canons of the Danish building tradition: a granite base, wooden structure and thatched roof.

El exterior de la vivienda, construida en 1904, se ha restaurado manteniendo los cánones de la tradición constructiva danesa: base de granito, estructura de madera y cubierta de caña.

Ove Rix. House in Århus (Århus, Denmark)

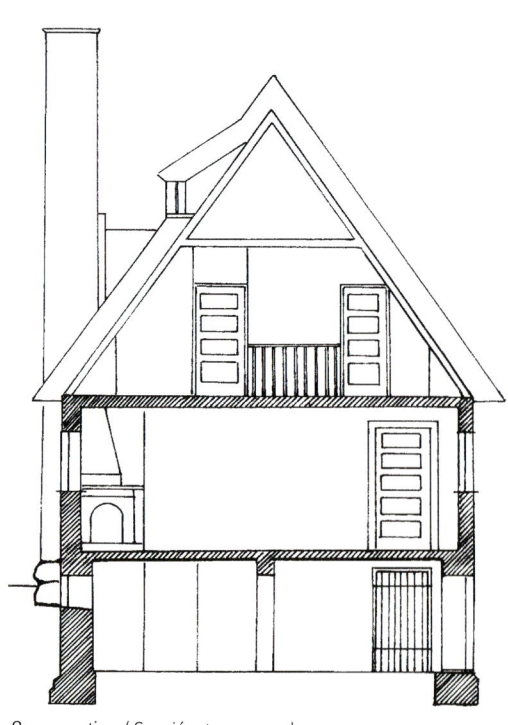

Cross section / Sección transversal

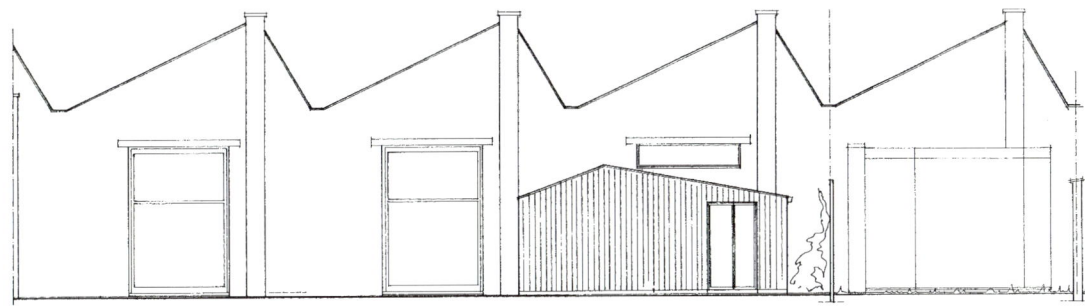

Main elevation / Alzado principal

The roof was formed by a lattice structure with a dog-tooth profile supporting a conventional roof. They decided to replace the north sides of each of the parallel roof with a glazed surface. The spectacular glazed ceiling that covers this old canning factory fills the interior with top lighting.

La cubierta estaba formada por una estructura de celosías con perfil en dientes de sierra que soportaba un tejado convencional. Optaron por la sustitución de las vertientes norte de cada una de las franjas paralelas del tejado por una superficie acristalada. El espectacular techo acristalado que cubre esta antigua fábrica de conservas llena de luz cenital su interior.

Non Kitch Group bvba. Architecture and lifestyle (Koksijde, Belgium)

The slope of sawtooth roofs provides abundant natural lighting in the interior of the dwelling. They allow light radiation to be captured and provide protection from direct thermal radiation. A good drainage system guarantees their durability.

El desnivel de la cubierta en diente de sierra proporciona abundante luz natural al interior de la vivienda. La cubierta en diente de sierra permite la captación de radiación lumínica, al tiempo que protege de la radiación térmica directa. Una buena evacuación del agua garantiza su durabilidad.

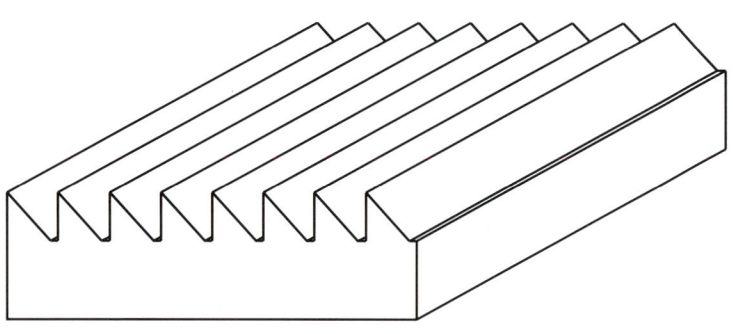

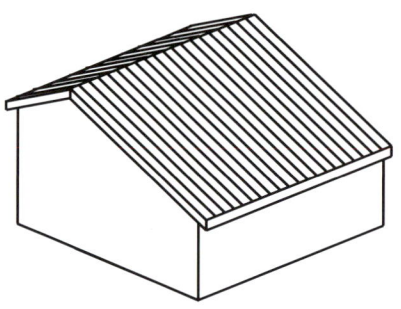

bürlingschindler Freie Architekten BDA. House in Albbruck (Albbruck, Germany)

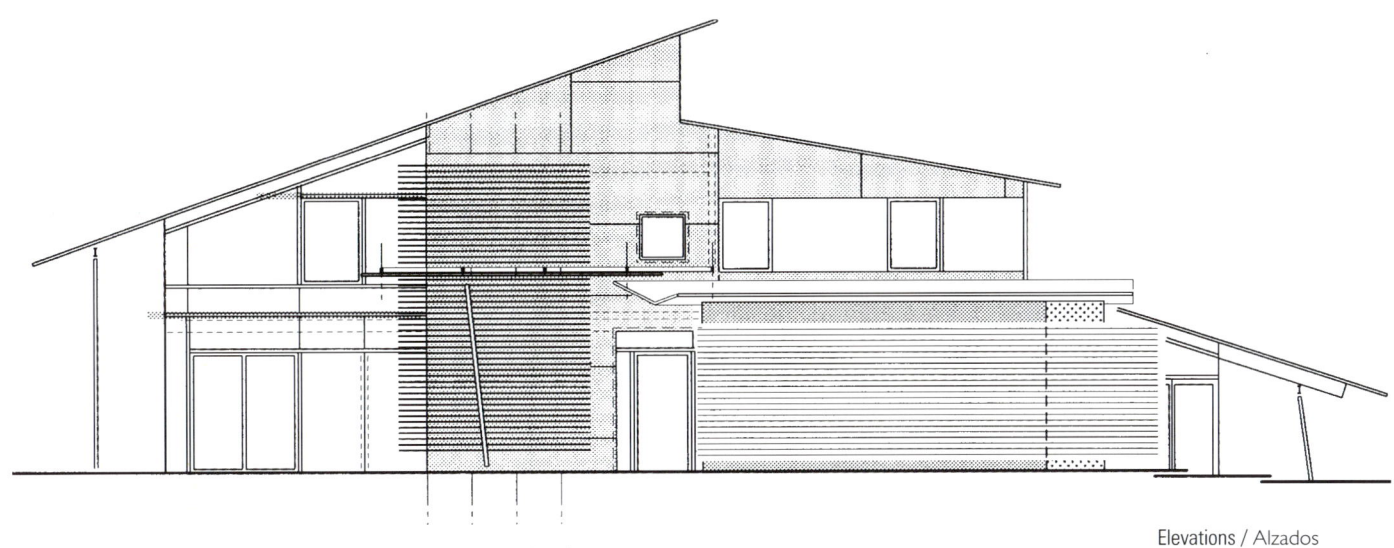

Elevations / Alzados

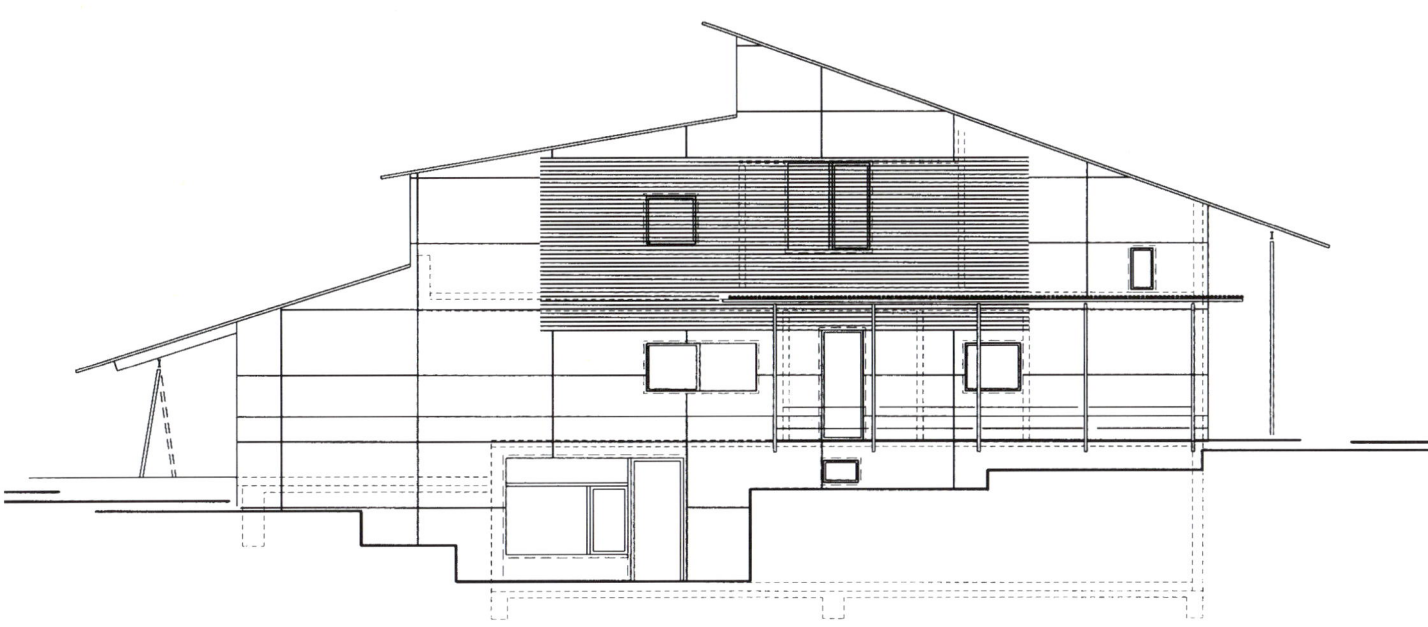

39

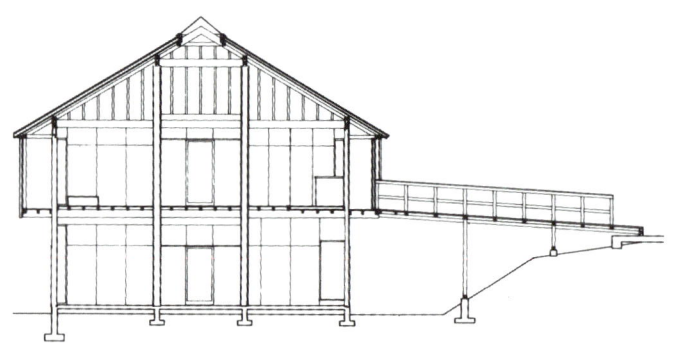

Cross section / Sección transversal

Hiroshi Naito. House and Studio for an Artist (Tsukuba, Japan)

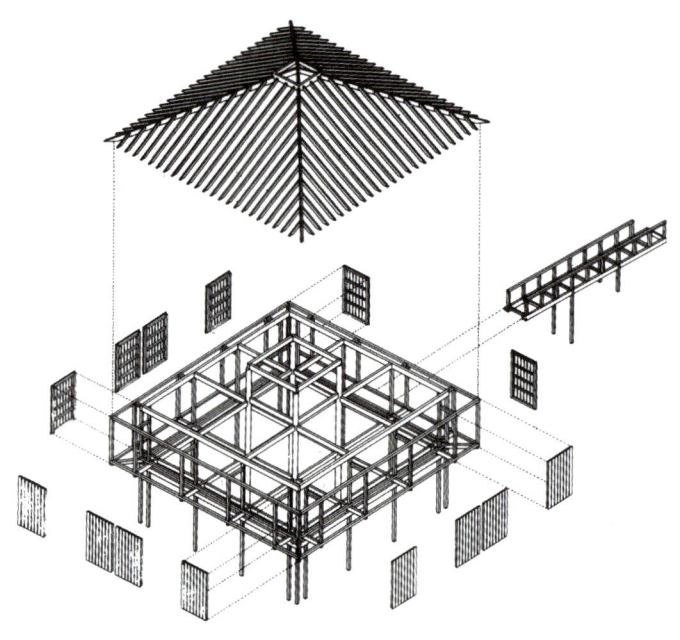

Exploded axonometric view / Axonometría explosionada

Wooden box beams were used for the roof. All of the roof elements in this building were prefabricated and mounted on site by means of the standard element assembly system.

Para la cubierta se usaron vigas cajón de madera. Todos los elementos de cubierta son prefabricados y montados in situ por medio de un sistema de ensamblaje de elementos estándar.

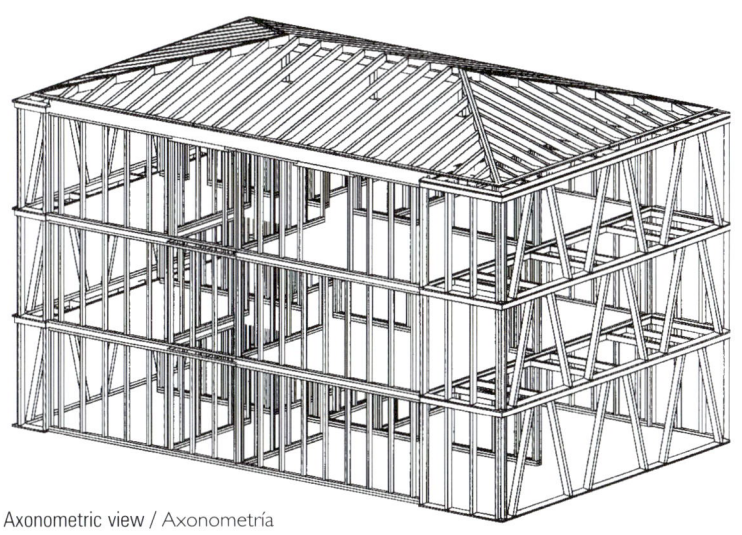

Axonometric view / Axonometría

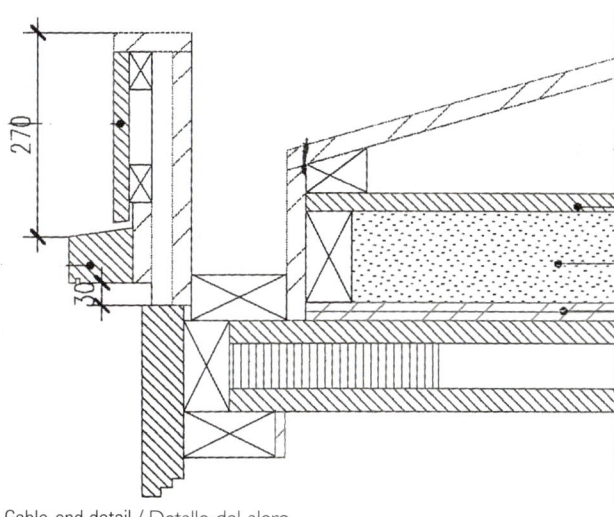

270

30

Gable-end detail / Detalle del alero

Grass thatch roofing was used for both its physical appearance and its environmental performance.

La cubierta de mimbre, además de su aportación estética, está pensada como elemento ecológico.

Kerry Hill. The Serai (Bali, Indonesia)

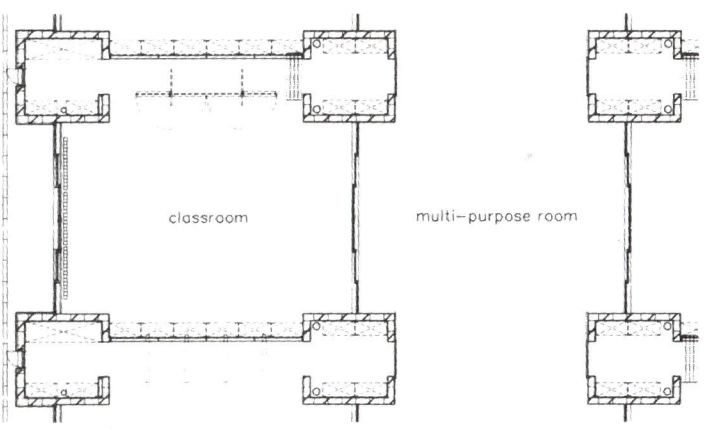

classroom   multi-purpose room

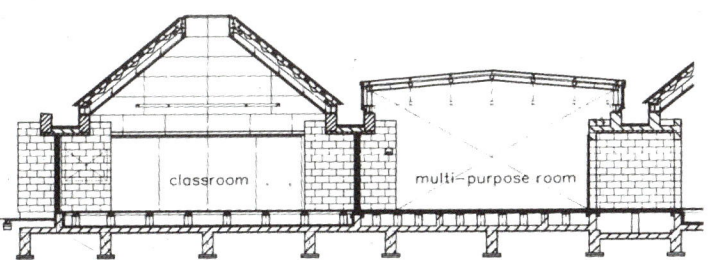

classroom   multi-purpose room

Floor plan and section / Planta y sección

Jun Aoki: i (Tokyo, Japan)

At first the roof had to be suspended but in the end it consisted of triangular panels supported by a pipe truss.

En principio se pretendía que la cubierta estuviera suspendida, pero finalmente se eligió la opción de colocar paneles triangulares soportados por un entramado de tubos.

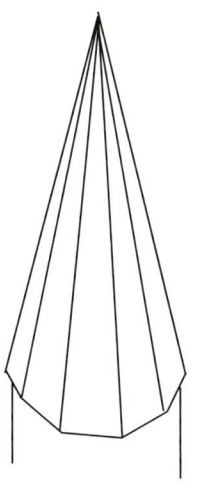

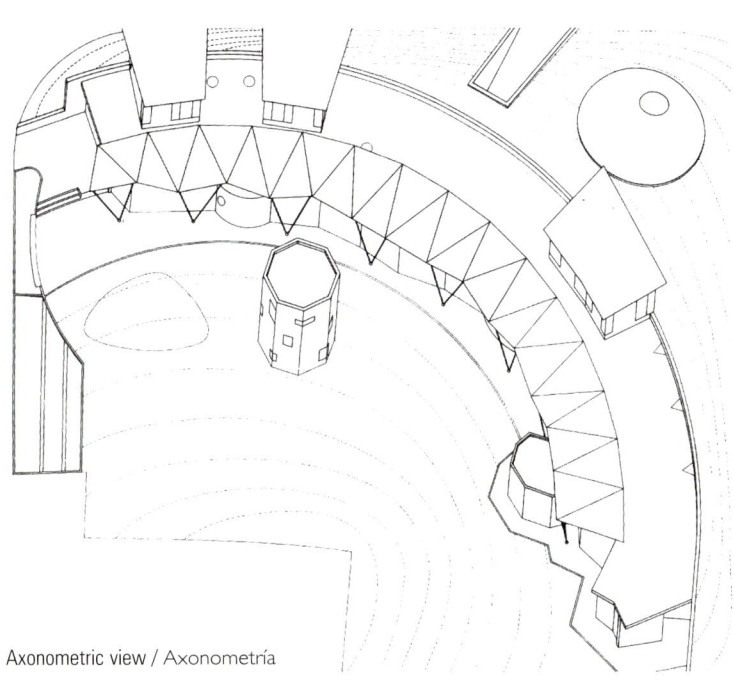

Axonometric view / Axonometría

Toyo Ito & Associates. Public Kindergarten at Eckenheim (Frankfurt, Germany)

The new wing is covered by a steel construction with a traditional wood and bitumen roof, which is in turn covered by a skin of Western Red Cedar planking. A series of smaller windows and skylights have been haphazardly punched into the various sloping planes of the new roof, creating interesting lighting effects in the interior during the day.

La nueva ala de este edificio está constituida por una construcción en acero con una cubierta tradicional de madera y revestimiento de betún, a su vez recubierta por una *piel* de maderos de cedro rojo occidental. Sobre los planos inclinados de la nueva cubierta se han practicado, en azarosa disposición, una serie de pequeñas ventanas y tragaluces que producen interesantes efectos de luz durante el día.

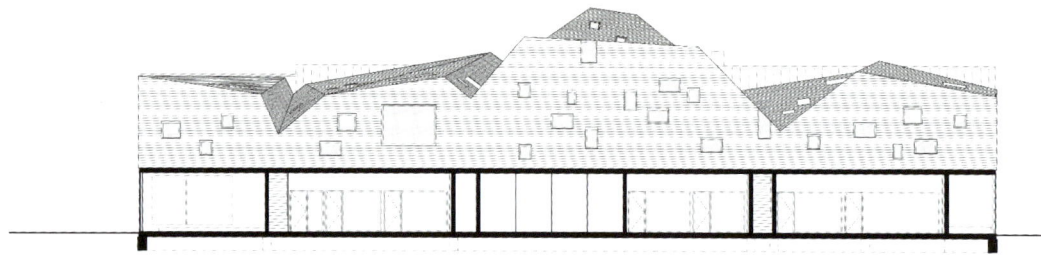

Longitudinal section / Sección longitudinal

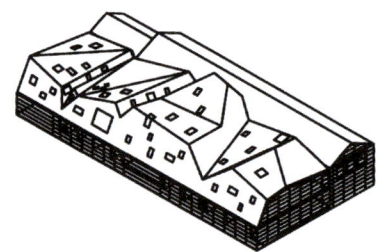

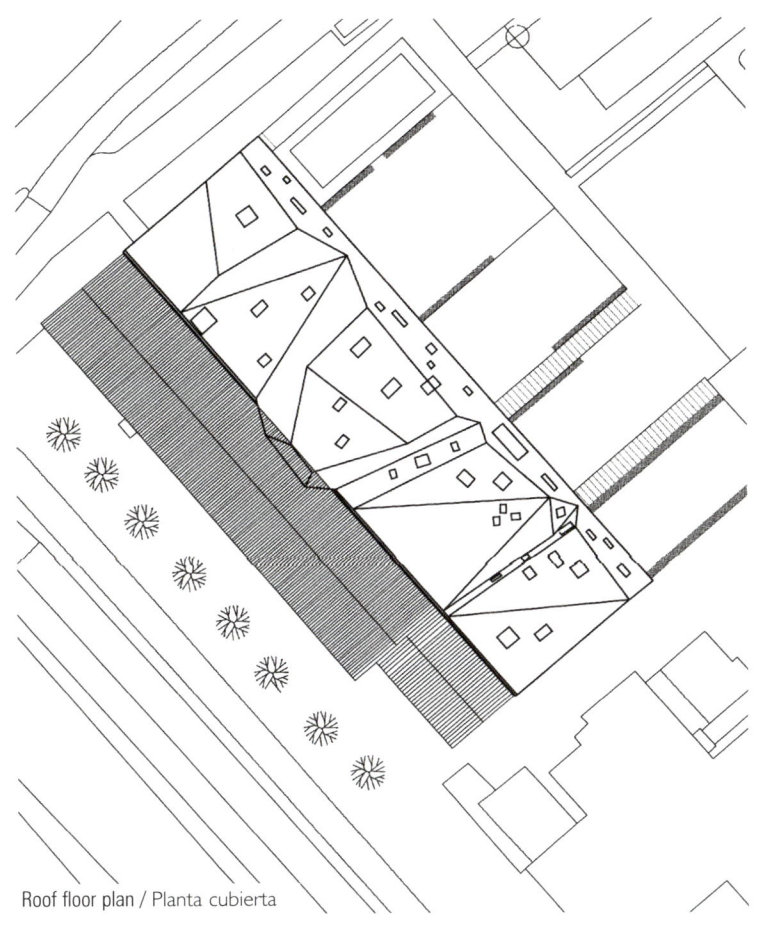

Roof floor plan / Planta cubierta

47

Curved roofs

Cubiertas curvas

As their name indicates, curved roofs are those formed by a sheet surface defined by a curve.

In barrel roofs this curve is in only one direction, the other one being straight. In the case of a double curve the two directions of the main sections are curved, thus creating a dome, and in the case of a double curve in opposite directions, the roof resembles a saddle. The latter may have the form of a hyperboloid of one sheet or a hyperbolic paraboloid.

Metal is normally the material used to manufacture curved roofs, because it is easy to model and can be given the shape on site, although of course other materials can be used.

Como su nombre indica, las cubiertas curvas son aquellas que están formadas por una superficie laminar definida por una curva.

Ésta en las cubiertas abovedadas viene definida en una dirección y en la otra ser una recta. En el caso de la cubierta con doble curvatura las dos direcciones de las secciones principales son curvas, con lo cual se trata de cúpulas, y en el caso de doble curvatura con direcciones opuestas, se asemeja a una silla de montar. Estas últimas cubiertas pueden tener forma de hiperboloide de revolución de una hoja o de paraboloide hiperbólico. Generalmente, el material utilizado para fabricar cubiertas curvas es metálico, ya que se puede moldear fácilmente, incluso se puede dar la forma en la propia obra, aunque por supuesto se pueden utilizar otros materiales.

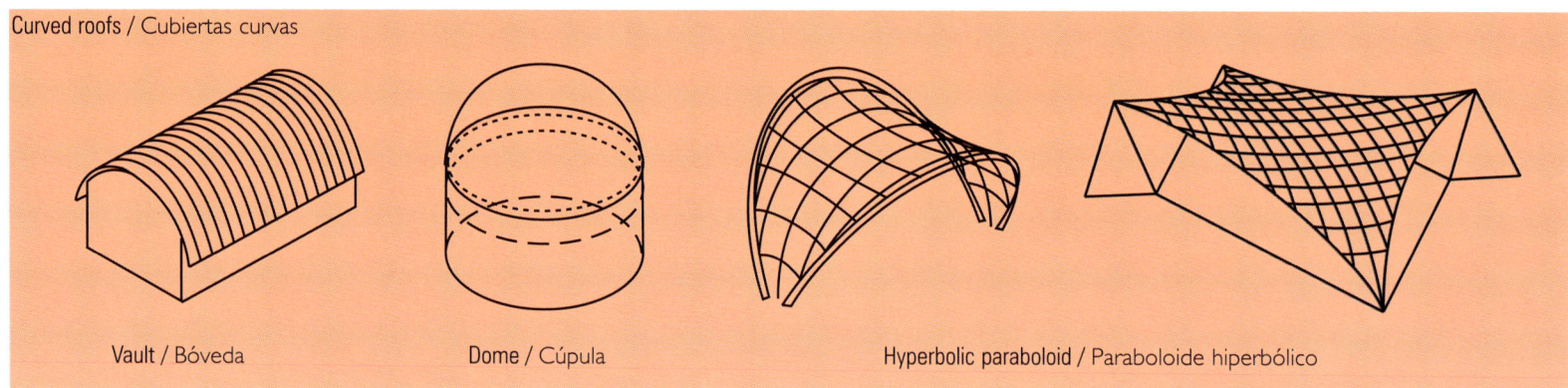

Curved roofs / Cubiertas curvas

Vault / Bóveda　　　Dome / Cúpula　　　Hyperbolic paraboloid / Paraboloide hiperbólico

Michael Szyszkowitz & Karla Kowalski. Home Office for a Psychotherapist (Bad Mergentheim, Germany)

Haga and Grov, Hjeltnes, Egge. Nordic Artist's Centre (Dalsasen, Norway)

The new building has an extremely light barrel-vaulted roof of aluminum sheeting and thermal insulation on a metal substructure. The gutters, rainwater-pipes and chimneys are all of stainless steel.

El nuevo edificio tiene un techo abovedado muy ligero hecho de planchas de aluminio y aislamiento térmico sobre una estructura metálica. Los canalones, las tuberías para el agua de lluvia y las chimeneas son de acero inoxidable.

Antonio Besso-Marcheis. Case in cooperativa (Torino, Italy)

Ian Ritchie Architects. Leipzig Neue Messe Glass Halls (Leipzig, Germany)

The vaulted structure is composed of an external orthogonal single layer grid shell of uniform-diameter tube stiffened by primary arches of 25m diameter. The envelope is composed of low-iron PPG starfire laminated glass panels 1.5m x 3.125m, suspended 0.5m below the grid shell, and includes discreet perimeter ventilation and fire escape exits at low level, and ventilation/smoke extract "butterfly" openings at high level. Environmental control is achieved in summer through the opening vents. In exceptionally hot periods de-ionised water is run from the apex over the glass vault.

La estructura abovedada está compuesta por una simple capa de armazón tramada ortogonal situada en el exterior con tubos de un diámetro uniforme reforzados con arcos de 25 m de diámetro. El recubrimiento está compuesto por láminas de acero PPG resistente al fuego, paneles de cristal de 1,5 x 3,125 m suspendidos 0,5 m por debajo del armazón tramado, e incluye una discreta ventilación perimetral y salidas de incendios en la parte inferior, así como aberturas para la extracción de humos y ventilación en la parte superior. El control medioambiental se consigue en verano a través de las aberturas o respiraderos. En períodos excepcionalmente cálidos el agua desionizada corre sobre la bóveda de cristal.

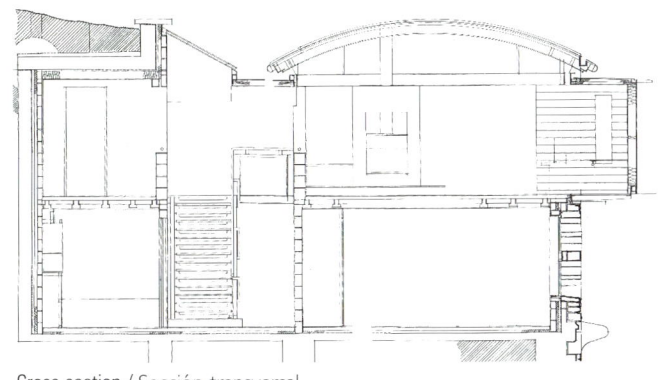

Cross section / Sección transversal

Stan Bolt. O'Sullivan House (Salcombe, Devon, UK)

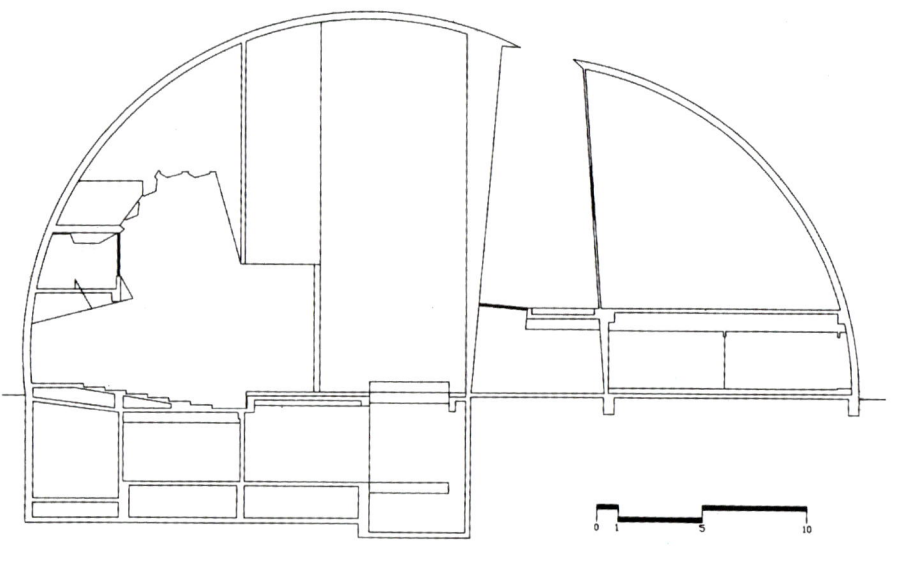

Cross section / Sección transversal

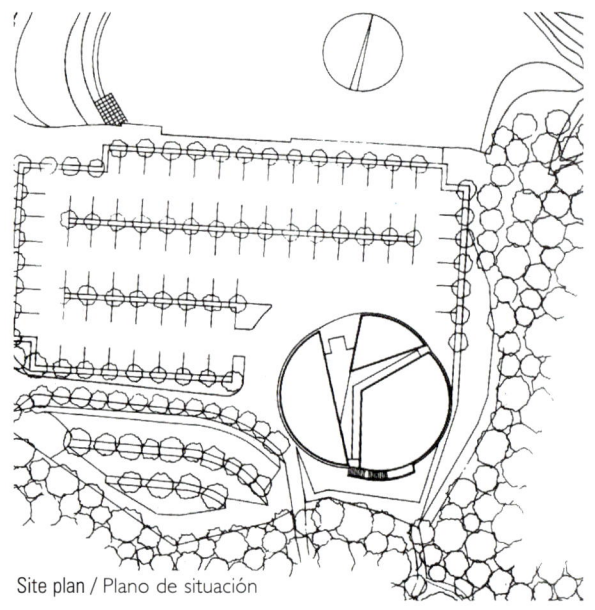

Site plan / Plano de situación

Kisho Kurokawa Architects. Kibi Dome (Wakayama, Japan)

54

Hellmuth, Obata & Kassabaum. Hong Kong Stadium (Victoria, Hong Kong)

Flat roofs

Cubiertas planas

flat roofs / *cubiertas planas*

If the pitched roof was created to provide protection from atmospheric agents, the flat roof was created to provide protection from the sun in very dry climates, creating natural ventilation and taking advantage of rainwater collection.

Whereas pitched roofs play a volumetric role, flat roofs are merely another plane within the design of the building. Because they are horizontal they can be used for terraces, gardens and pools.

Instead of expelling the water this type of roof gathers it and channels it toward a drain from which it will be eliminated. This makes it necessary to establish interior channels and drainage points.

Flat roofs are those with a gradient of 2 to 5%. From 5 to 15% they are considered low-pitch roofs, and over 15% they are pitched roofs.

The simplest flat roof is one that only has one pitch. For each section there must be a drain. The fewer the sections, the fewer drains are needed and therefore the cheaper the construction is.

Si la cubierta inclinada nacía para proteger de los agentes atmosféricos, la cubierta plana nace para proteger del sol en climas muy secos creando ventilación natural y aprovechando el agua de lluvia recogida en ella.

La cubierta plana se considera un plano más dentro de la concepción del edificio frente al papel volumétrico que tiene la cubierta inclinada, y, por su condición horizontal, permite usos de terraza, jardín o estanque.

Este tipo de cubierta en lugar de expulsar el agua la recoge y la dirige hacia un sumidero desde donde terminará por expulsarla. Esto obliga a establecer líneas y puntos interiores de desagüe.

Por su parte, la pendiente de los faldones de una cubierta plana debe ser como mínimo del 2% y como máximo del 5%. A partir de esta pendiente y hasta el 15% se consideran cubiertas de baja pendiente, y a partir del 15% ya se trata de cubiertas inclinadas.

La cubierta plana más simple es la que solamente posee un único faldón. Por cada paño debe haber un sumidero. Cuantos menos faldones tiene, resulta más barata puesto que el número de sumideros se reduce.

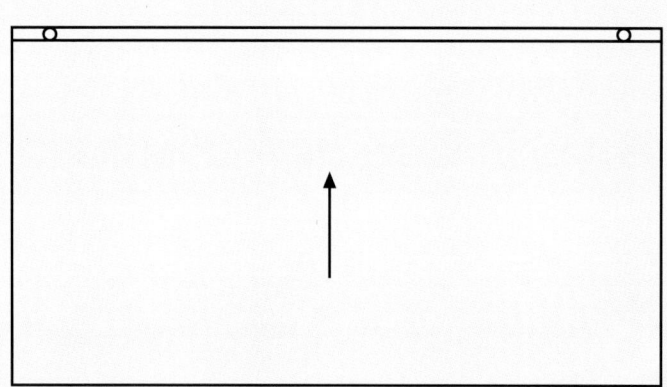

Flat roofs with a single section
Cubierta plana a un agua

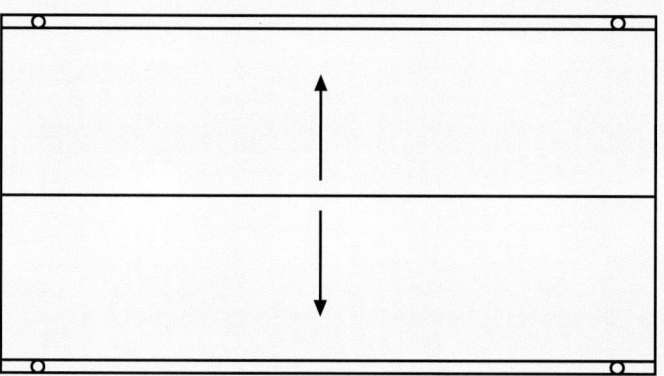

Flat roofs with two sections
Cubierta plana a dos aguas

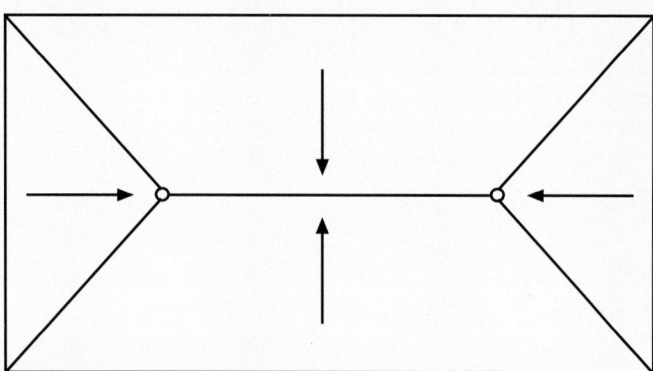

Flat roofs with four sections
Cubierta plana a cuatro aguas

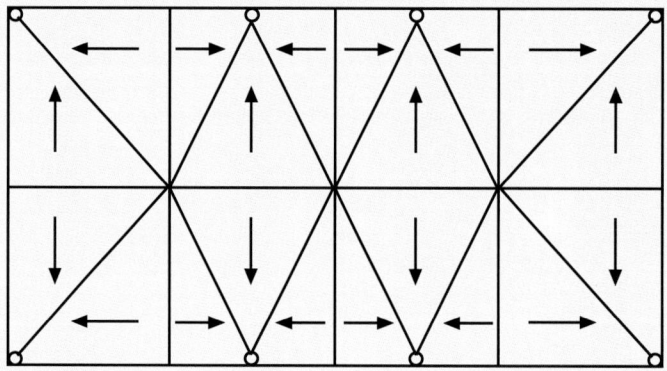

Complex flat roofs
Cubierta plana de varios faldones

In flat roofs the layout, continuity and construction of each layer are very important, and are defined by the function that they perform. The layers are the structural base, falls, separating layers, waterproofing layer,s thermal insulation, and protection and finish.

En las cubiertas planas son muy importantes la disposición, la continuidad y las condiciones de construcción de cada una de las capas que la componen, definidas por la función que desempeñan. Éstas son: base estructural, formación de pendiente, capas separadoras, lámina impermeabilizante, aislamiento térmico, y protección y acabado.

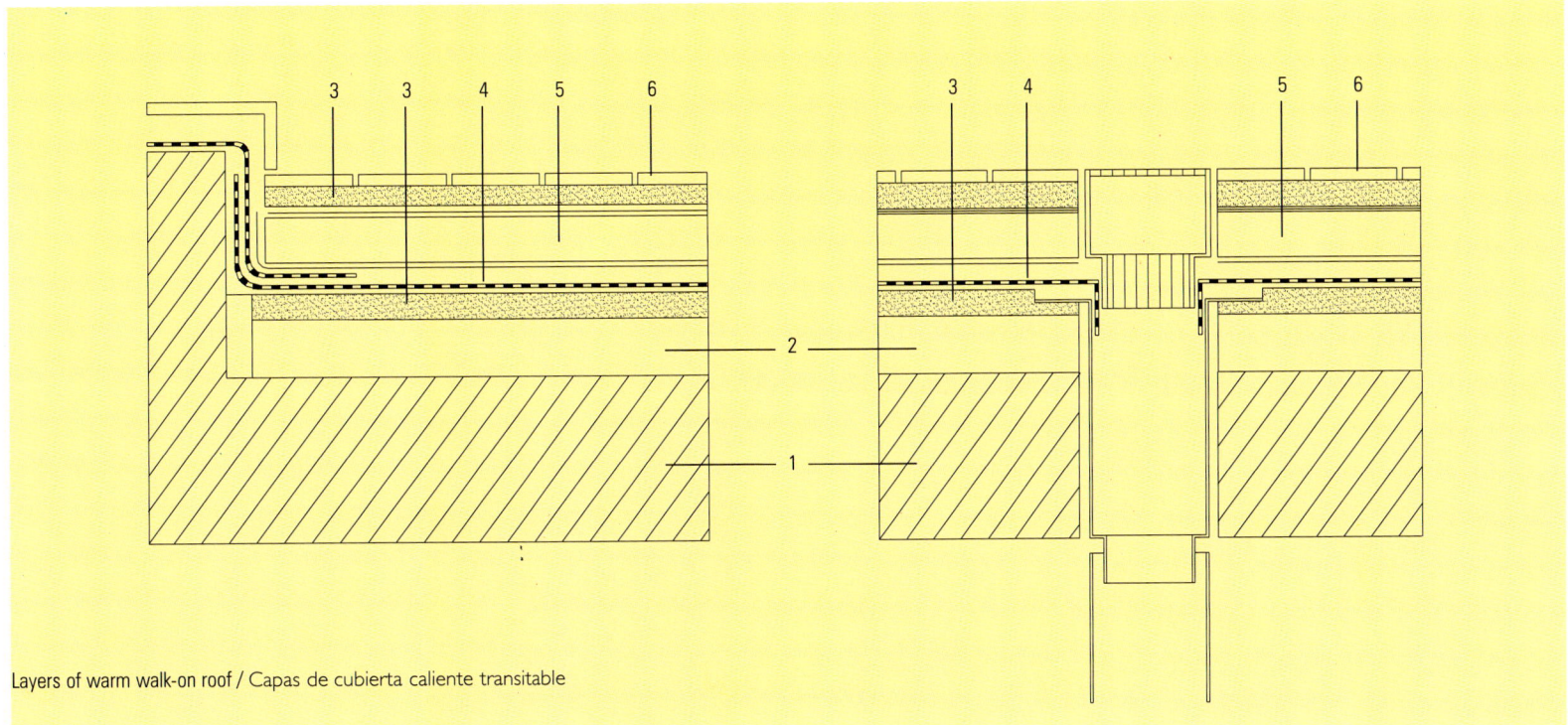

Layers of warm walk-on roof / Capas de cubierta caliente transitable

1. Structural base: the flat roof rests on the last floor slab. It should be calculated based on the mechanical demands of load and overload and maintenance requirements.

2. Falls: these shape and give slope to the pitch and act as a support for the waterproofing layer. The edges occurring at the encounters between the pitches and the walls should be chamfered to avoid angles and folds that damage the waterproofing layer. This layer should meet certain requirements:
- It should have a thickness of 20 to 300 mm.
- It should have expansion joints every 15 m and at the edge where it meets any protruding element.
- It should maintain the structural joints of the base.
- The minimum slope should be 1%.
The materials used for obtaining falls can be cellular concrete, expanded clay, mortar with light aggregate (expanded polystyrene beads), thermal insulation panels, etc.

1. Base estructural: la cubierta plana descansa sobre el último forjado. Debe calcularse en base a las exigencias mecánicas de carga, sobrecarga y las necesidades de mantenimiento.

2. Formación de pendiente: conforma, da pendiente al faldón y sirve como apoyo de la capa de impermeabilización. Las aristas producidas en los encuentros entre faldones y paramentos verticales irán achaflanadas para evitar ángulos y pliegues que dañen la capa impermeabilizante. La capa de pendientes debe cumplir ciertas condiciones:
- Su espesor debe estar comprendido entre 20 y 300 mm.
- Debe tener sus propias juntas de dilatación cada 15 m y en el borde de contacto con cualquier elemento saliente.
- Debe mantener las juntas estructurales de la base.
- La pendiente mínima debe ser del 1%.
Los materiales empleados para la formación de pendientes pueden ser hormigón celular, arcillas expandidas, mortero con áridos ligeros (bolas de poliestireno expandido), placas aislantes térmicas, etc.

3. Separating layers: the function of these layers inserted between the fundamental elements is to maintain the durability and effectiveness of the system. There are several types of layer according to the function that they are to perform, such as polyethylene films, fiberglass felt, geotextile felt, oxidized asphalt sheets or aluminum film.

4. Waterproofing layer: this stops water from penetrating the roof and reaching the interior of the building. The types of waterproofing include bituminous or synthetic prefabricated sheets that come in rolls, and are overlapped and welded to give the roof continuity, or liquid waterproofing films that are applied in situ by spraying or rolling to form a solid, elastic and waterproof film.

5. Thermal insulation: this reduces the thermal load of the roof layer and prevents fissures in the mortars. The insulating panels may be made of polyurethane, extruded polystyrene, cellular glass, rock wool, glass wool, cork, wood fiber, etc.

6. Protection and finish: this provides protection from solar radiation on the thermal insulation or the waterproofing layer. It also provides protection against wind suction. Chippings create a protective layer of sufficient weight and meet the two requirements with a single material. The materials used for protection can be gravel, tiles, etc.

3. Capas separadoras: la función de estas capas intercaladas entre los elementos fundamentales es la de mantener la durabilidad y eficacia del sistema. Existen diversos tipos de capas según la función que deban realizar, como son películas de polietileno, fieltro de fibra de vidrio, fieltro sintético geotextil, fieltro sintético filtrante, capa de oxiasfalto o film de papel aluminio.

4. Lámina impermeabilizante: impide el paso del agua a través de la cubierta al interior de la edificación. Los tipos de impermeabilización que hay son láminas prefabricadas bituminosas o sintéticas que llegan enrolladas, se extienden, se solapan y se sueldan para conseguir la continuidad de la cubierta, o películas impermeabilizantes líquidas in situ que se aplican mediante proyección o rodillo y al secarse forman una película sólida, elástica e impermeable.

5. Aislamiento térmico: reduce la carga térmica de la capa de pendiente y evita las fisuras en los morteros. Se coloca en forma de placas aislantes térmicas y pueden ser de poliuretano, poliestireno extruido, vidrio celular, lana de roca, lana de vidrio, corchos, fibras de madera, etc.

6. Protección y acabado: sirve para hacer frente a la incidencia de la radiación solar sobre el aislamiento térmico o la lámina impermeabilizante. También es necesaria frente a la succión del viento. El lastrado, capa protectora de suficiente peso, resuelve ambas situaciones con un solo material. Los sistemas de protección utilizados pueden ser con grava, baldosas, etc.

Tadao Ando. House in Nihonbashi (Osaka, Japan)

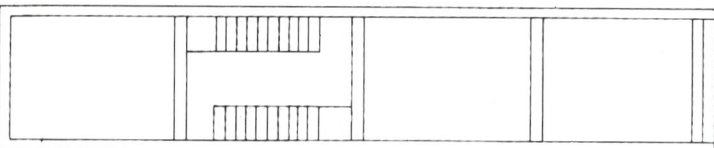

Roof floor plan / Planta cubierta

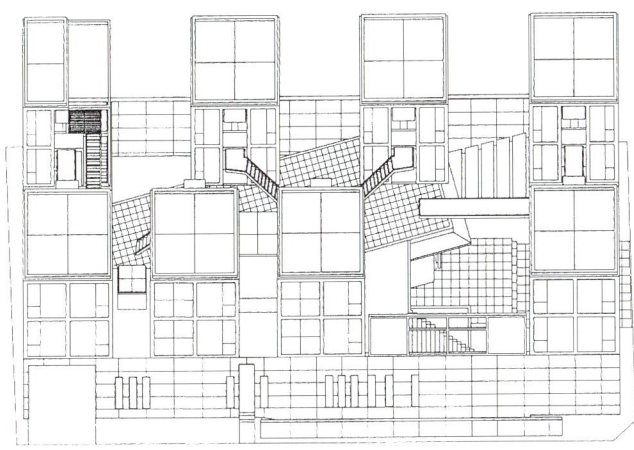

Axonometric view / Axonometría

Toshio Akimoto. Yakult Dormitorio (Tokyo, Japan)

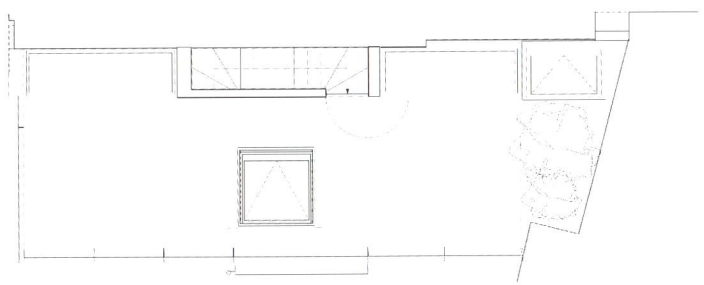

Roof floor plan / Planta cubierta

THINKING SPACE ARCHITECTS. House on Club Row London (London, UK)

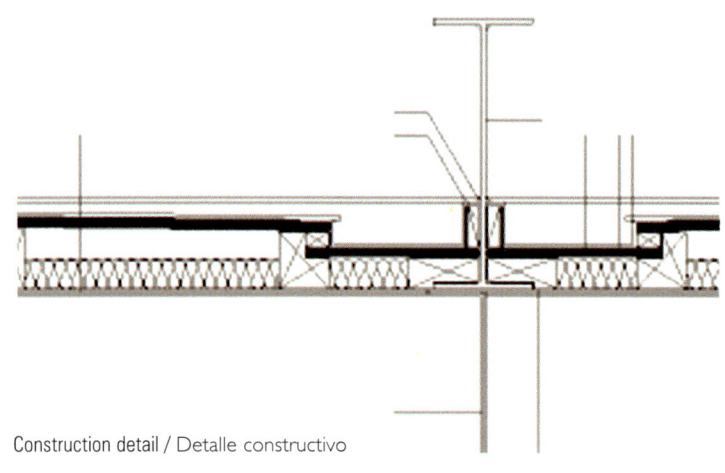

Construction detail / Detalle constructivo

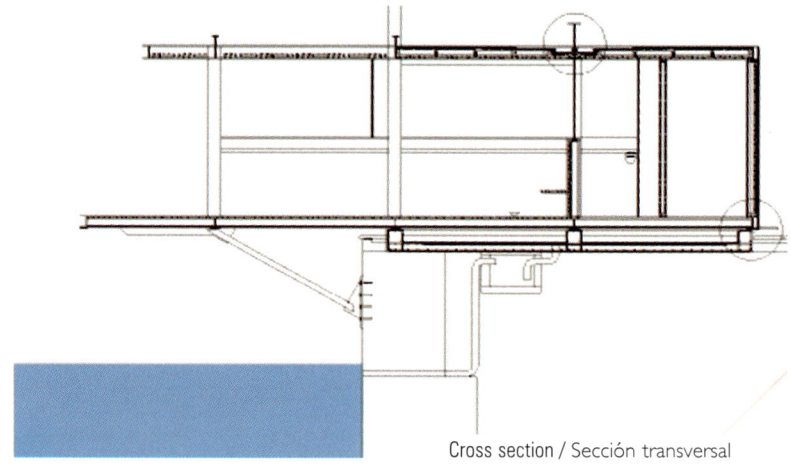

Cross section / Sección transversal

Javier García-Solera Vera. Muelle y edificio de servicios en el Puerto de Alicante (Alicante, Spain)

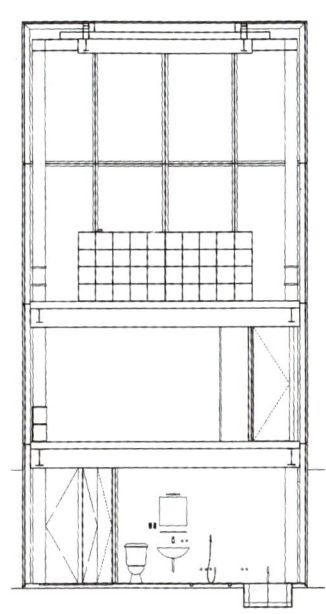

Cross section / Sección transversal

Shinichi Ogawa & Associates. Glass House (Hiroshima, Japan)

The flat roof is punctured by oval holes of co-trasting size. It employs metal roof decking with a 100 mm-high flange, whose structure was treated as a continuous series of shallow secondary beams. As such, only primary beams were necessary across the breadth of the roof, and these beams were hidden within the joints between the decking panels so as to emphasize the flat, lightweight form of the roof.

La cubierta plana va perforada por huecos de forma oval de tamaños diversos. Se ha empleado una cubierta de metal con un resalte de 100 mm de altura, cuya estructura ha sido tratada como una serie continua de vigas secundarias. Las vigas maestras sólo son necesarias a lo ancho de la cubierta y quedan ocultas entre los paneles metálicos con objeto de enfatizar el carácter adintelado y ligero de la cubierta.

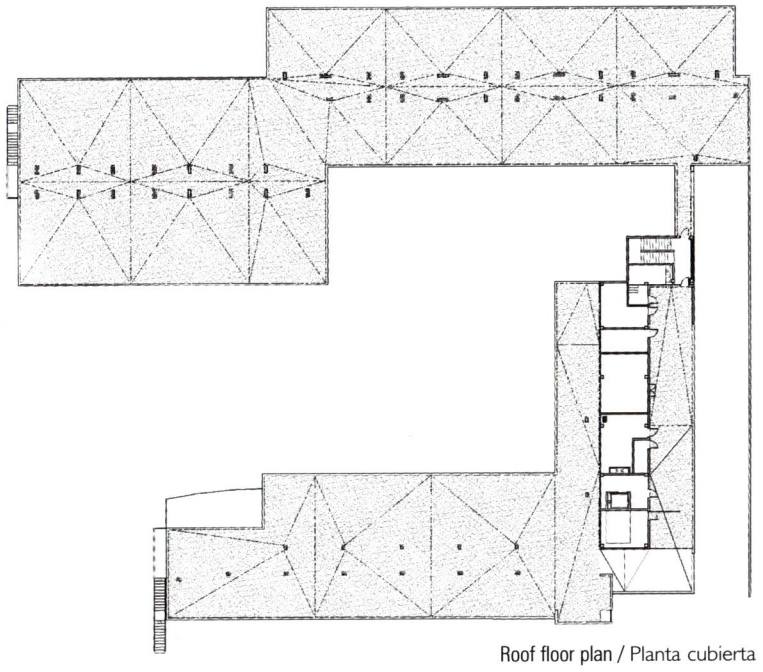

Roof floor plan / Planta cubierta

Joan Lluís Casajuana. Novallar de Cunit (Cunit, Tarragona, Spain)

walk-on roofs / *cubiertas transitables*

Architects have always wished to take advantage of roofs for other uses but are aware of their drawbacks, because even flat roofs have a slope. This has led to solutions for creating completely horizontal walk-on roofs.

Inverted roofs with insulating slabs are suitable for obtaining a walk-on area. Each insulating slab comes with a mortar layer that provides protection and acts as a paving. In this case it is advisable to increase the thickness of the insulation. The insulating slabs have a rebate at the edge to prevent them from meeting completely and to allow expansion and facilitate drainage. It is advisable to use the largest sizes, although 60 x 60 cm slabs cannot be placed by a single worker.

Heavy walk-on flat roofs are formed by slabs of prefabricated concrete, stone tiles, concrete panels, ceramic tiles, or asphalt. These are placed on a bed of sand or mortar.

Desde siempre ha existido el ánimo por aprovechar las cubiertas para otros usos pero los arquitectos son conscientes de sus inconvenientes puesto que hasta las cubiertas planas tienen pendiente. Esta situación ha llevado a plantear soluciones que permiten concebir cubiertas totalmente horizontales y transitables.

En el caso de las cubiertas invertidas con protección de losa aislante son idóneas para obtener una zona transitable al público. Cada losa aislante viene con una capa de mortero que solventa a la vez las exigencias de protección y de pavimento. Por ello es recomendable aumentar el espesor del aislamiento. Las losas aislantes, por su parte, tienen un rebaje en los costados para impedir que se adosen completamente y permitan su dilatación y faciliten el desagüe. Se aconseja usar las de mayores dimensiones, aunque las losas de 60 x 60 cm dificultan su colocación por un solo operario.

Hay que añadir que la cubierta plana transitable pesada se forma a base de losa de hormigón prefabricado, baldosas pétreas, placas de hormigón, plaquetas cerámicas, o aglomerado asfáltico. Estos pavimentos se reciben con un lecho de arena o de mortero de cemento.

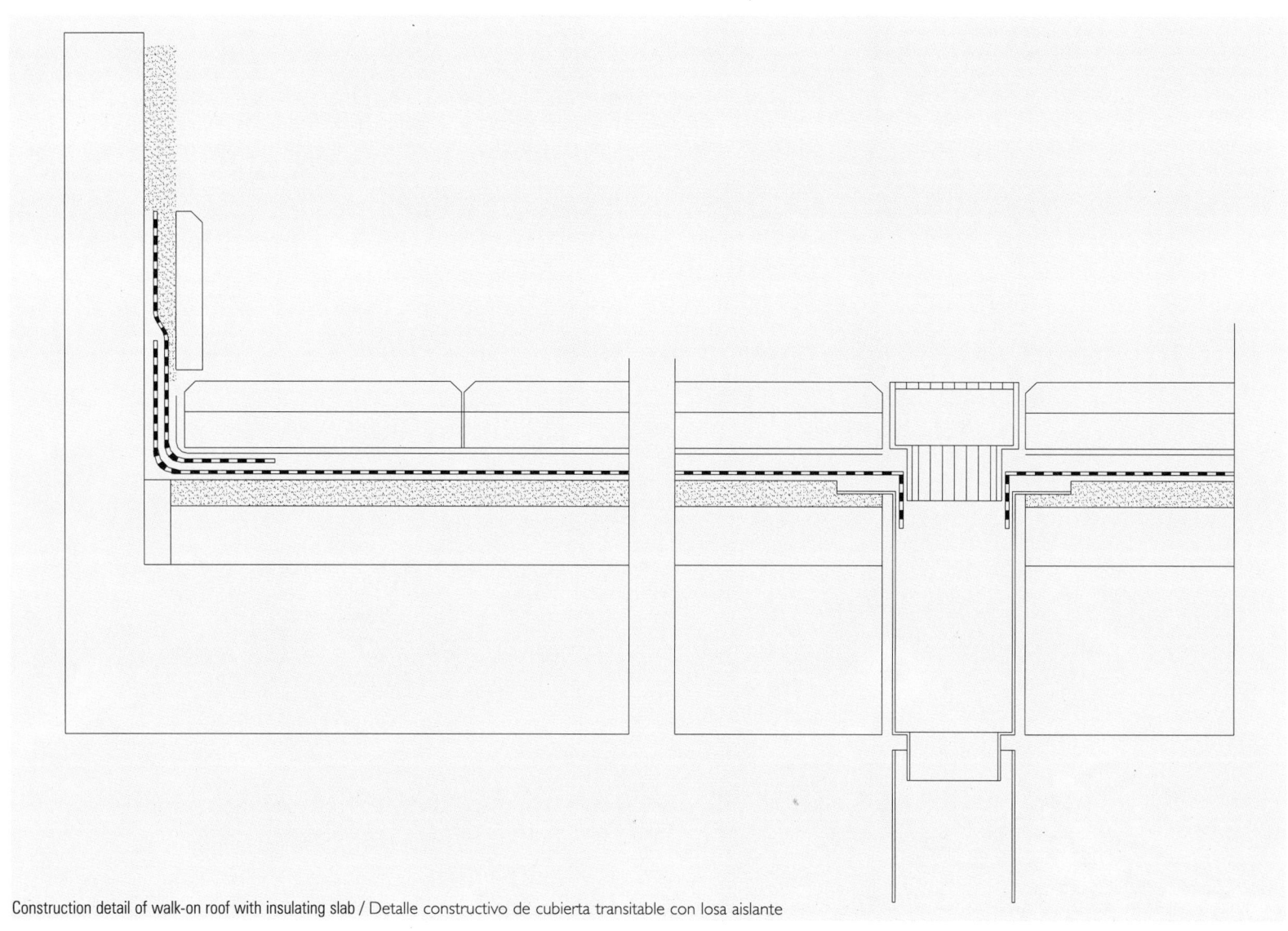

Construction detail of walk-on roof with insulating slab / Detalle constructivo de cubierta transitable con losa aislante

Inverted roofs using a floating system have horizontal paving, with joints that facilitate drainage and expansion. The tiles are placed on pods creating an air cavity that facilitates waterproofing and the evaporation of water. The supports of the tiles create a horizontal paving. The base of the pods should be wide to avoid overloading the waterproofing or insulating layer on which they rest. The supports are usually concrete disks that fit into each other, though adjustable thermoplastic pods with a cross on which the tiles rest can also be used. Floating tiles are fragile, which limits the load they can withstand in use. For this reason, concrete or terrazzo tiles are reinforced with heavy-duty wire.

La cubierta invertida con acabado flotante presenta un pavimento horizontal, con juntas que facilitan el drenaje y la dilatación. Las baldosas van colocadas sobre soporte conocidos por *plots* originando una cámara de aire que facilita la impermeabilización y la evaporación del agua. Los soportes de las baldosas consiguen un pavimento horizontal. La base de los *plots* debe ser amplia para no sobrecargar al impermeabilizante o al aislante sobre el que se apoyan. Los soportes suelen ser discos de hormigón que encajan unos en otros o pueden ser extensibles de material termoplástico, llevando en su tope una cruceta en la que van apoyadas las baldosas. Las baldosas flotantes son frágiles limitando su sobrecarga de uso. Por ello, las baldosas de hormigón o de terrazo van armadas con alambre de alta resistencia.

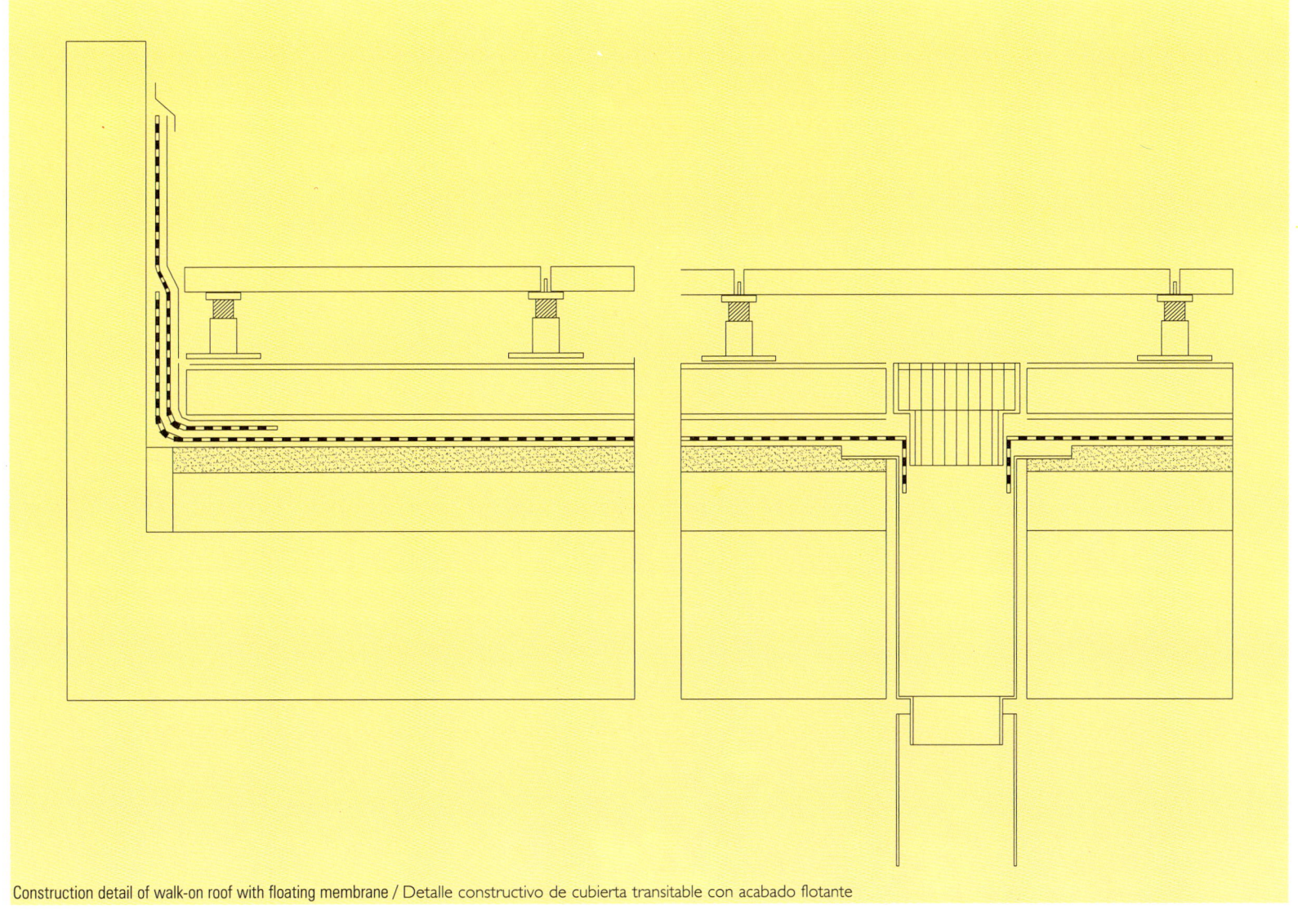

Construction detail of walk-on roof with floating membrane / Detalle constructivo de cubierta transitable con acabado flotante

The volume of the main room, which opens on both sides onto a terrace of 50 m² covered with a jatoba wood deck and offering spectacular views of the urban landscape.

Una estancia que se abre a ambos lados sobre una terraza de 50m², recubierta con una tarima de madera de jatoba y ofreciendo espectaculares vistas sobre el paisaje urbano.

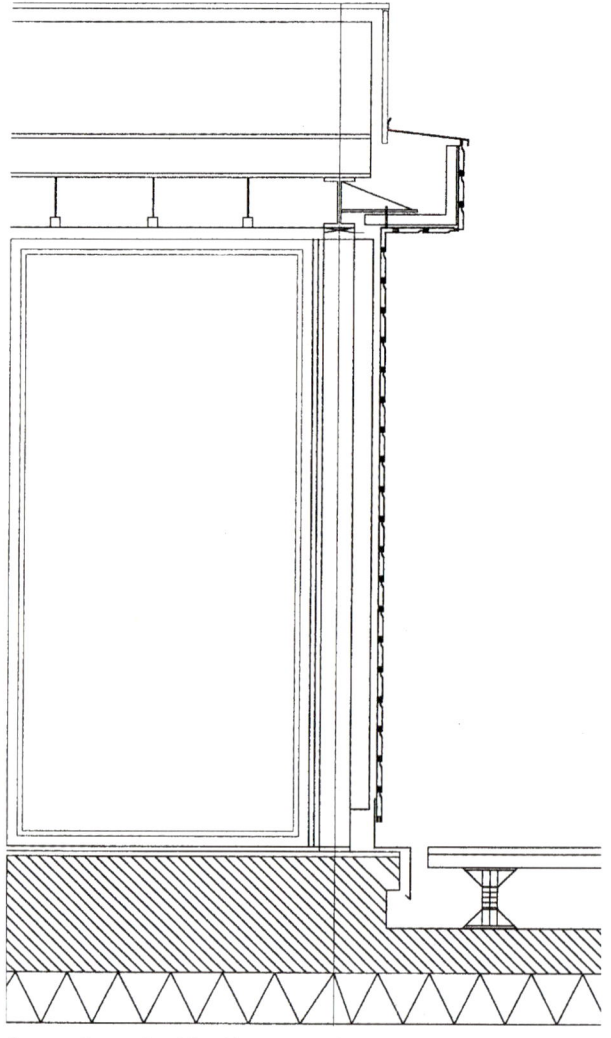

Constructive section / Sección constructiva

René Dottelonde & Jean-Philippe Pargade. Centre Hospitalier François Quesnay (Mantes-la-Jolie, France)

Ramón Esteve Casa en na Xamena (Ibiza, Spain)

The exterior spaces such as the pool and the terraces have their own identity and enhance the changing colors of the landscape.

Los espacios exteriores, como la piscina y las terrazas adquieren entidad propia, lo que permite disfrutar de los cambiantes colores del paisaje.

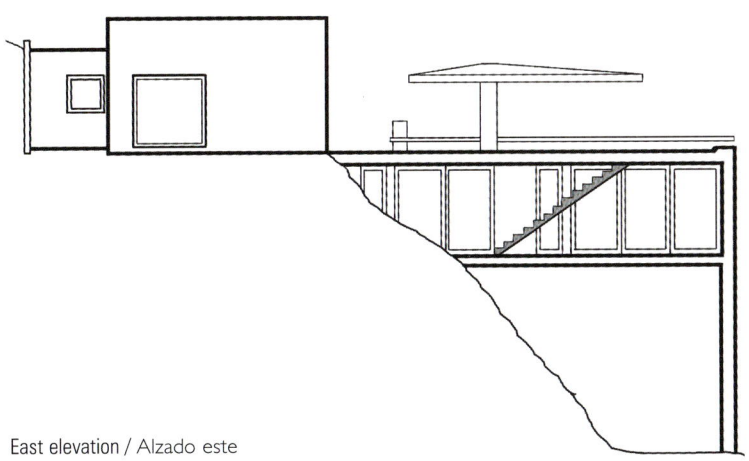
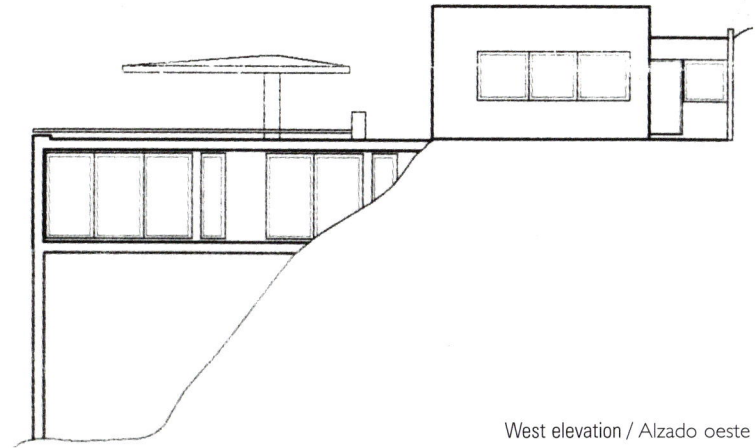

East elevation / Alzado este

West elevation / Alzado oeste

Anne Marie Sumner. Own House (Sao Paulo, Brazil)

The inverted roof with gravel protection is the most typical system for walk-on roofs which are only accessed by specialized personnel for maintenance. Clean natural gravel should be used. It should be of a large enough gauge to prevent it falling through the drains but not so large that it is difficult to apply and spread. The amount of gravel is calculated according to the wind suction. At the edges of the roof where the wind suction is greater, the gravel layer should also be thicker, with a minimum height of 15 cm. For low buildings whose roof is below the height of the nearby trees, it is advisable to add a root-proof membrane in case vegetation appears in the gravel.

La cubierta invertida con protección de grava es la más típica para cubiertas planas no transitables, a las que sólo accede el personal especializado para su mantenimiento. La grava es natural, canto rodado y debe estar limpia. El tamaño no debe ser tan pequeño como para escaparse por el desagüe ni tan grande como para dificultar su colocación y extendido. La cantidad de grava se calcula en función de la succión producida por el viento. En los bordes de la cubierta donde la succión del viento es mayor, la capa de grava será también mayor con una altura mínima de 15 cm. Es aconsejable añadir una capa antirraíces cuando pueda aparecer vegetación dentro de la grava, en casos como edificios de baja altura cuya cubierta queda por debajo de la altura de los árboles próximos.

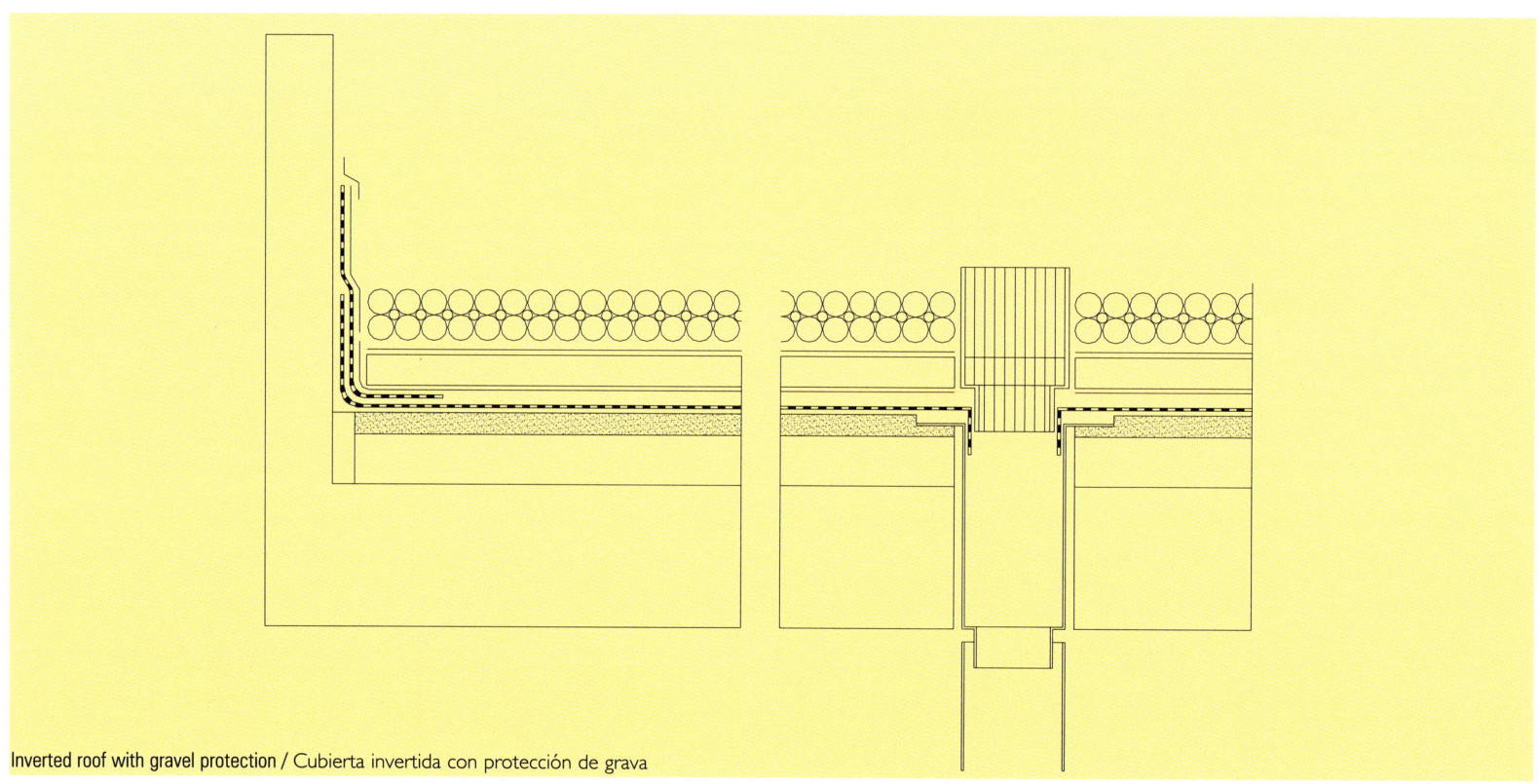

Inverted roof with gravel protection / Cubierta invertida con protección de grava

Supporting layer:	Concrete or mortar with light aggregate for obtaining the fall.		Capa de soporte:	Hormigón o mortero de áridos ligeros para pendiente
Pitch:	1 to 5%.		Pendiente:	Del 1 al 5 %
Separating layer:	Fall layer with cement mortar and vapour control layer connected to vents.		Capa separadora:	Capa de regularización con mortero de cemento y capa difusora del vapor conectada a chimeneas de aireación
Waterproofing:	Bituminous or synthetic sheet.		Impermeabilización:	Láminas bituminosas o sintéticas
Separating layer:	Geotextile felt when the waterproof membrane is PVC.		Capa separadora:	Fieltro geotextil cuando la lámina impermeable es de PVC
Thermal insulation:	Rigid extruded polystyrene panels with tongue and groove along the edges and grooves on the lower face.		Aislamiento térmico:	Placas rígidas de poliestireno extruído, machihembradas en los cantos y ranuradas por la cara inferior
Separating layer:	Filtering geotextile felt.		Capa separadora:	Fieltro geotextil filtrante
Protection layer:	Pebble of 16/32 mm diameter with a minimum thickness of 50 mm.		Capa de protección:	Canto rodado de diámetro 16/32 mm con un espesor mínimo de 50 mm
Structural joints:	Those of the building.		Juntas estructurales:	Las estructurales del edificio
Roof joints:	Every 15 m with bituminous sheet.		Juntas de cubierta:	Cada 15 m con láminas bituminosas
Joints of the protection layer:	No joints are required.		Juntas de la capa de protección:	No se necesitan juntas

Roof plan / Planta cubierta

73

The roof offers a landscape that combines the domestic with the abstract. The volumes that stand out from it give the building a small, rural scale. The roof is a fundamental space in the conception of the project. Its perforations provide natural light to the interior of the building and create an abstract landscape, an island within the island.

La cubierta es un paisaje entre doméstico y abstracto. Desde ella, los volúmenes emergentes introducen una escala rural pequeña al conjunto. La cubierta se revela como un espacio fundamental en la concepción del proyecto. Sus diversas perforaciones aportan luz natural al interior del edificio y crean un paisaje abstracto, una isla dentro de la isla.

Josep Lluís Mateo. Viviendas en la Isla de Borneo (Amsterdam, The Netherlands)

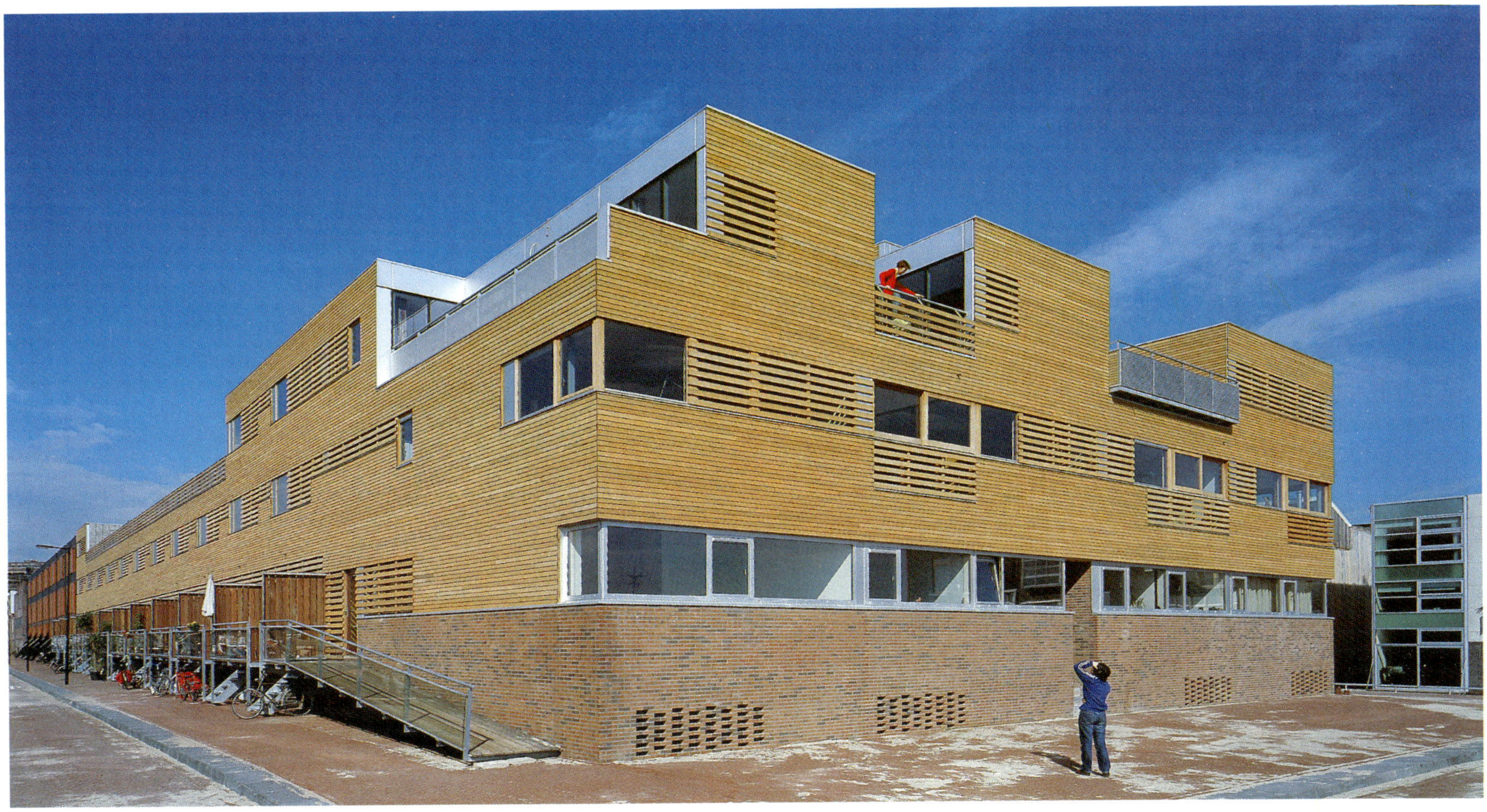

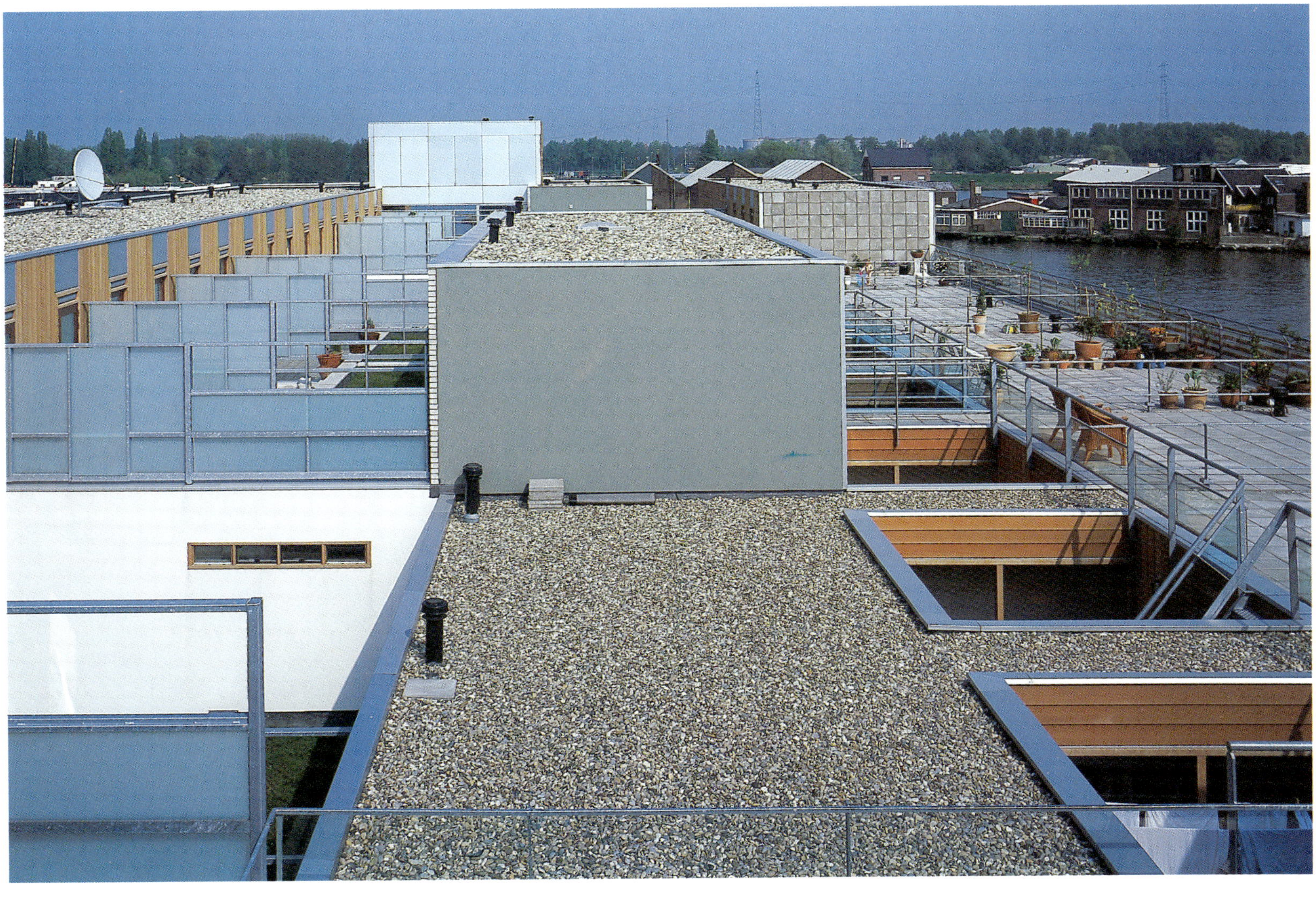

Ernst Beneder, House Huf (Blindenmarkt, Austria)

Koen Van Synghel, 19 service flats for pensioners (Kruishoutem, Belgium)

Günther Domenig, Centre of Documentation Reichsparteitagsgelaende Nuremberg (Nuremberg, Germany)

De Architectengroep, Apartments in a sewage plant (Amsterdam, The Netherlands)

77

green roofs / *cubiertas ajardinadas*

These are also known as landscaped roofs. The characteristics of this type of roof include thermal accumulation, air improvement and the improvement of the aesthetic appearance.

The development of drainage layers that accumulate a certain amount of water allows some types of vegetation to be cultivated with ease. Open pore additives are normally added to the soil in order to store water and maintain the moisture longer. Any excess water is evacuated through the drainage layer or through the grass surface to the gutter. It is also recommended that the structural base of the roof be prolonged as an outer plate to avoid fissures and that the sheet should rise at least 15 cm around the whole perimeter and against all the walls located on the roof. Special attention should also be paid to the amount of soil necessary for planting, the drainage for the channelling of irrigation water and the type of waterproofing. The thickness of the soil should be proportional to the size of the vegetable species that you wish to plant. When the thickness of the soil is greater than 30 cm, thermal insulation is unnecessary. Trees require a thickness of 50-100 cm. Shrubs require a thickness of 20-50 cm. Lawns and climbing plants require a thickness of 20-30 cm. The subsequent gardening work for maintenance, pruning, etc. must be carried out with great caution to avoid damage to the drainage layer and to the waterproofing layer.

También son conocidas por el nombre de cubiertas verdes. Entre las características de esta tipología de cubierta se hallan la capacidad de acumulación térmica, la mejora del aire y la mejora del aspecto estético.

La evolución de las láminas drenantes, que acumulan cierta cantidad de agua, permite cultivar algunos tipos de vegetación con facilidad. Así, a la tierra vegetal se le suele añadir aditivos de poro abierto que almacenan agua y mantienen la humedad más tiempo. El posible exceso de agua se evacua a través de la capa de drenaje o por la superficie del césped hasta el canalón. Se recomienda, además, que la base estructural de la cubierta se prolongue como peto perimetral para evitar fisuras y que la lámina se levante 15 cm como mínimo en todo el perímetro y en todos los paramentos verticales que haya en la cubierta.

También se debe prestar especial atención a la sobrecarga de tierra necesaria para plantar, así como al drenaje para la conducción de aguas de riego y al tipo de impermeabilización que se quiera utilizar.

En este sentido, el espesor de la tierra vegetal utilizada será proporcional al tamaño de la especie vegetal que se quiera plantar. Cuando el espesor de la tierra vegetal es superior a 30 cm se puede eliminar el aislamiento térmico. Para árboles se precisa un espesor comprendido entre 50 y 100 cm. Si se quieren plantar arbustos el espesor debe estar entre 20 y 50 cm. Y cuando se trata de plantar césped o plantas trepadoras la profundidad de la tierra debe estar entre 20 y 30 cm.

Los trabajos de jardinería que se realicen posteriormente, ya sean de mantenimiento, de poda, etc., deberán realizarse con mucha precaución para evitar posibles daños tanto en la capa drenante como en la capa de impermeabilización.

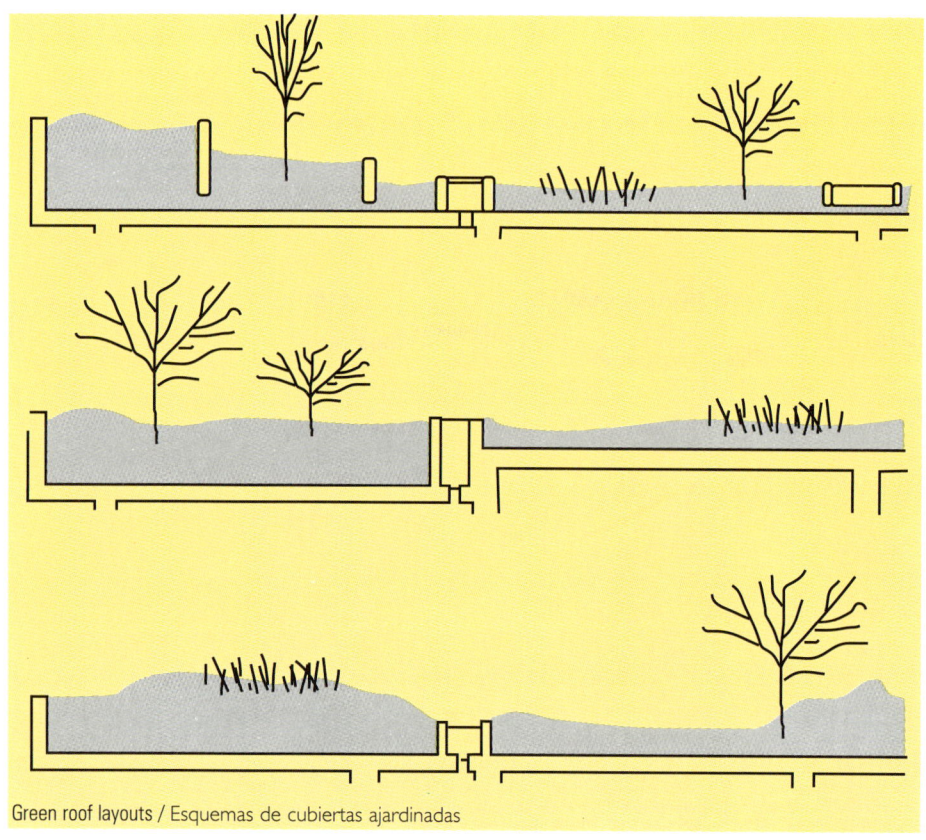

Green roof layouts / Esquemas de cubiertas ajardinadas

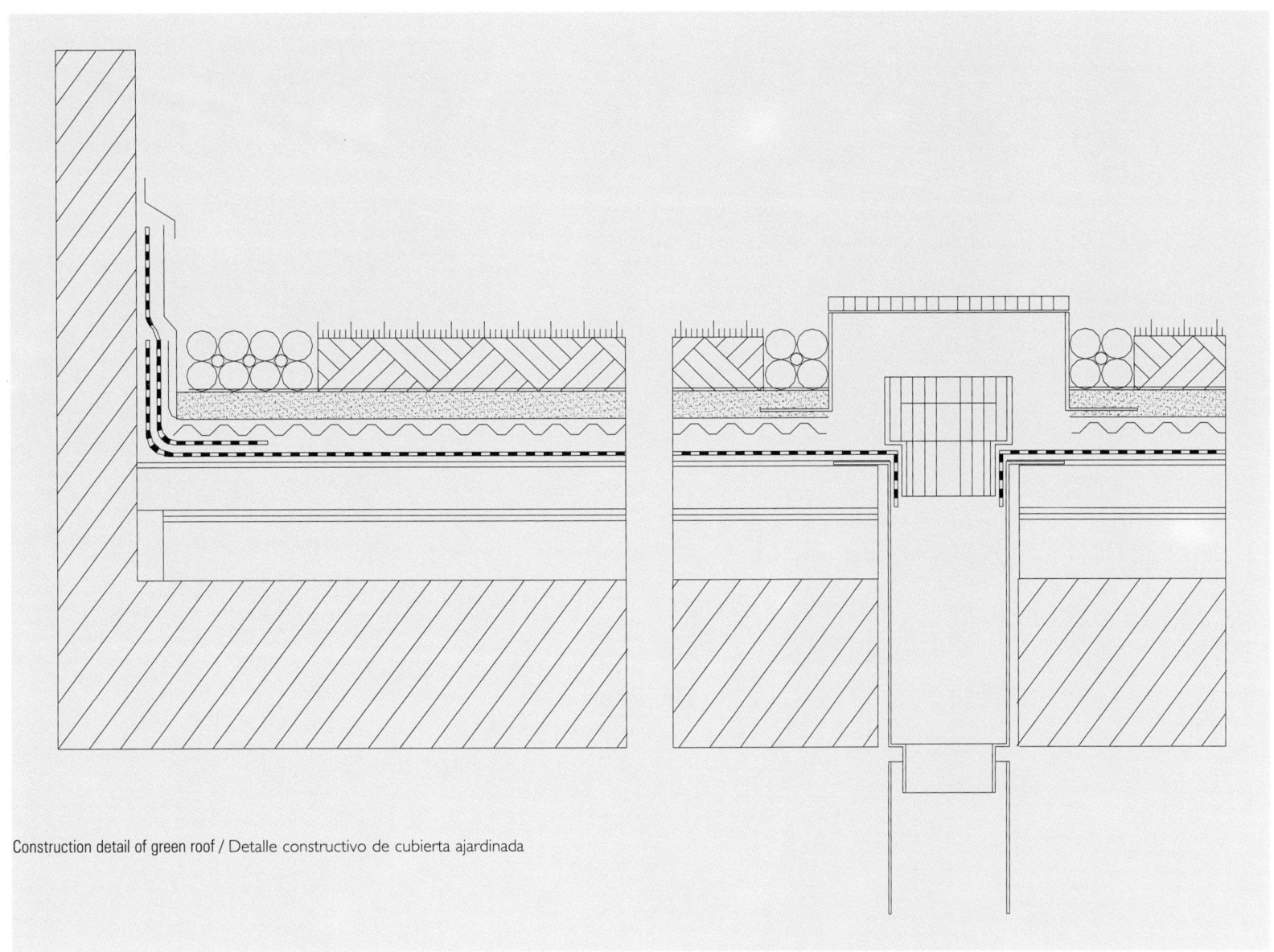

Construction detail of green roof / Detalle constructivo de cubierta ajardinada

Supporting layer:	Concrete or mortar with light aggregate for obtaining the fall.
Pitch:	0 to 3%.
Separating layer:	Fall layer with cement mortar vapour control layer connected to vents under the thermal insulation.
Thermal insulation:	Under the waterproofing, if necessary.
Waterproofing:	Bituminous or synthetic sheet, protected against roots.
Separating layer:	Corrugated polyethylene sheet.
Separating layer:	Filtering geotextile felt.
Protection layer:	3 cm layer of sand.
Protection layer:	Soil layer of 10-90 cm, according to the vegetable species.
Structural joints:	Those of the building.
Roof joints:	Every 15 m with bituminous sheet.
Joints of the protection layer:	No joints are required.
Drains:	Must be protected with an inspection box to ensure correct functioning.

Capa de soporte:	Hormigón o mortero de áridos ligeros para pendiente
Pendiente:	Del 0 al 3%
Capa separadora:	Capa de regularización con mortero de cemento Capa difusora del vapor conectada a chimeneas de aireación bajo el aislamiento térmico
Aislamiento térmico:	Bajo la impermeabilización, si es necesario
Impermeabilización:	Láminas bituminosas o sintéticas, protegidas contra raíces
Capa separadora:	Lámina de polietileno rígido con cubiletes
Capa separadora:	Fieltro geotextil filtrante
Capa de protección:	Capa de arena de 3 cm
Capa de protección:	Manto de tierra vegetal Altura entre 10 y 90 cm, según las especies vegetales
Juntas estructurales:	Las estructurales del edificio
Juntas de cubierta:	Cada 15 m con láminas bituminosas
Juntas de la capa de protección:	No se necesitan juntas
Desagües:	Deben quedar protegidos con una arqueta drenante que permita la inspección de la cazoleta y de su morrión

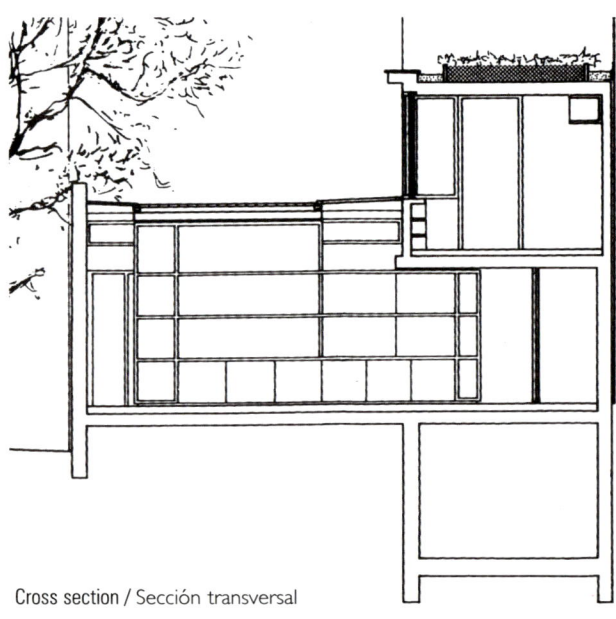

Cross section / Sección transversal

To emphasize the connection with nature this building has a turf roof. The water insulation is covered by 20 cm thick layer of sods overlaid with seeded soil. The future development of the greenery will be the work of nature.

Para enfatizar la conexión con la naturaleza se ha situado una cubierta ajardinada. La impermeabilización de la cubierta se ha revestido con una capa de 20 cm de espesor de césped y tierra. El futuro desarrollo de la vegetación queda en manos de la naturaleza.

Helin & Siitonen. Experimental House (Boras, Sweden)

The roof, which is trapezoidal and has a low corner from which the rainwater can drain off. This roof was covered with vegetation, forming a pure plane of grass that is only interrupted by the chimney and a skylight that illuminates the dressing rooms. The architects sought to reduce the thickness and weight of a roof of this type by placing a plastic net (which retains the water and allows it to drain off during heavy rainfall) between the membrane of fireproof insulation and the earth layer. This constant reserve means that it is practically unnecessary to water the grass and that the amount of earth used was considerably reduced.

Gray Organschi. Tennis House (Connecticut, USA)

La configuración trapezoidal de esta cubierta proporciona una esquina baja desde la cual puede desaguarse el agua pluvial. Ésta se cubrió con vegetación, tratándola como un plano puro de hierba interrumpido sólo por la chimenea y un tragaluz que ilumina los vestuarios. En su diseño se buscó la manera de reducir el grosor y el peso de una cubierta de este tipo por lo que entre la membrana de aislante hidrófugo y la capa de tierra se colocó una red plástica que sirve para retener el agua y que permite su desagüe en caso de una lluvia excesiva. Esta reserva constante permite que prácticamente no sea necesario regar y que la cantidad de tierra utilizada disminuya considerablemente.

Construction section / Sección constructiva

1. Soil / Tierra vegetal
2. Geotextile felt / Filtro Geotextil
3. Gravel / Grava
4. Two elastomeric cloths with fibreglass reinforcement
   Dos telas elastoméricas con armadura de fibra de vidrio
5. 2% fall layer / Pendiente de regularización 2%
6. Light slab / Losa ligera
7. Elastomeric membrane / Lámina elastomérica
8. Reinforced concrete / Hormigón armado
9. Render / Revoco
10. Zinc parapet wall / Parapeto de zinc
11. Aluminium / Aluminio
12. Double glazing / Vidrio doble

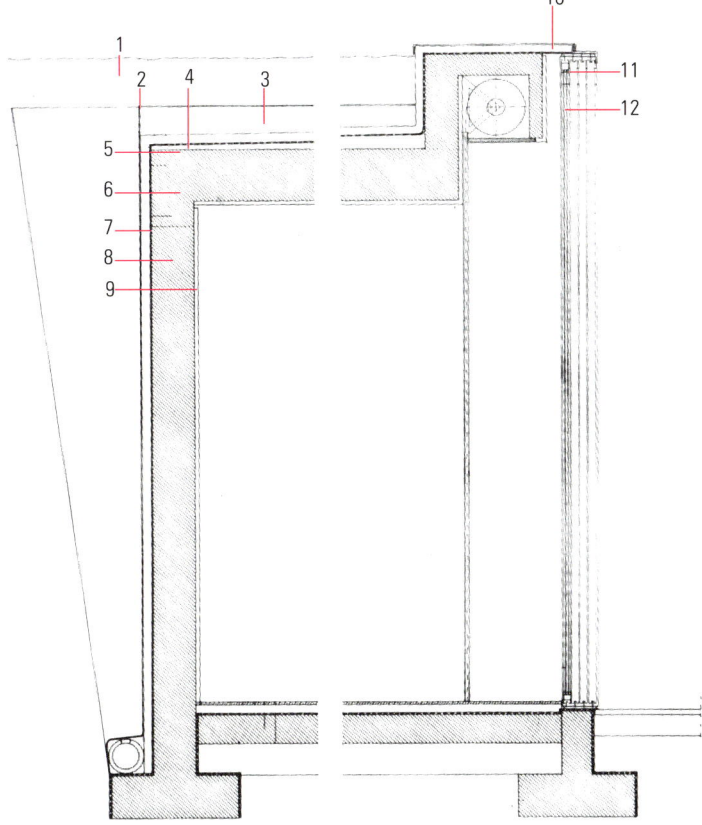

Construction section / Sección constructiva

Eduardo Souto de Moura. Casa Baião (Baião, Portugal)

parking roofs / cubiertas aparcamiento

Parking roofs, whether or not subterranean, need a special treatment because they must bear specific loads, dynamic loads and any other loads caused by traffic.
They should therefore have a minimum number of sections with a single pitch and a moderate slope.
Special care should also be taken with the elements of the roof that are anchored to the structure through the waterproofing layer. These are points where the waterproofing must be ensured. The drain should be protected by cast iron grates to bear the traffic load without distortion.

La cubierta aparcamiento es una solución adecuada para edificios que, estando enterrados o no, necesiten un tratamiento especial de la cubierta, puesto que deben soportar grandes cargas puntuales, cargas dinámicas y cualquier solicitación derivada del tráfico rodado.
Así, se debe establecer un mínimo número de faldones, a una sola agua y con una pendiente moderada.
Se debe tener, además, especial cuidado en los elementos de la cubierta que atraviesen la capa de impermeabilización para anclarse en la estructura. Éstos son puntos donde se debe asegurar la estanqueidad. Los desagües quedarán protegidos con rejillas de hacer o de fundición para soportar, sin deformarse, las sobrecargas del tráfico.

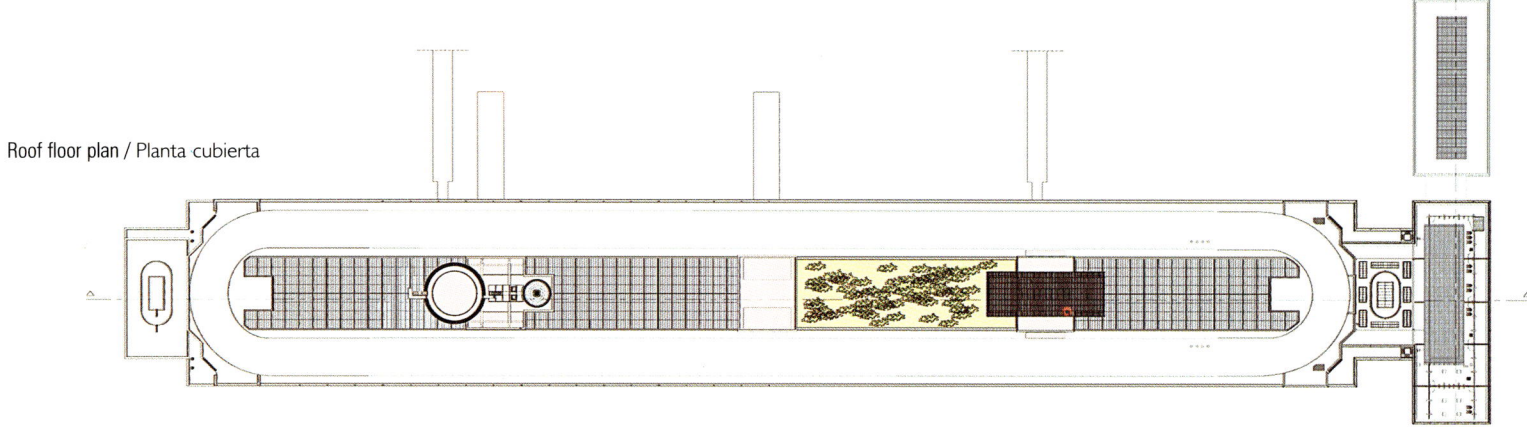

Roof floor plan / Planta cubierta

Built in the 1920s, Lingotto was one of Europe's first examples of modular construction in reinforced concrete. The roof was (and still is) a test track for cars. One of the plant's four inner courtyards is now the site of the new auditorium. The blue bubble sitting atop the building is a conference room and heliport.

Construida en 1920, la planta Lingotto constituyó uno de los primeros ejemplos de construcción modular en hormigón armado de Europa. En la azotea se construyó una pista de pruebas para coches (todavía utilizada como tal). Hoy, uno de los cuatro patios interiores de la planta aloja el nuevo auditorio. La burbuja azul, "la bolla", situada sobre el edificio es una sala de conferencias y un helipuerto.

Renzo Piano Building Workshop. Lingotto Factory Conversion (Torino, Italy)

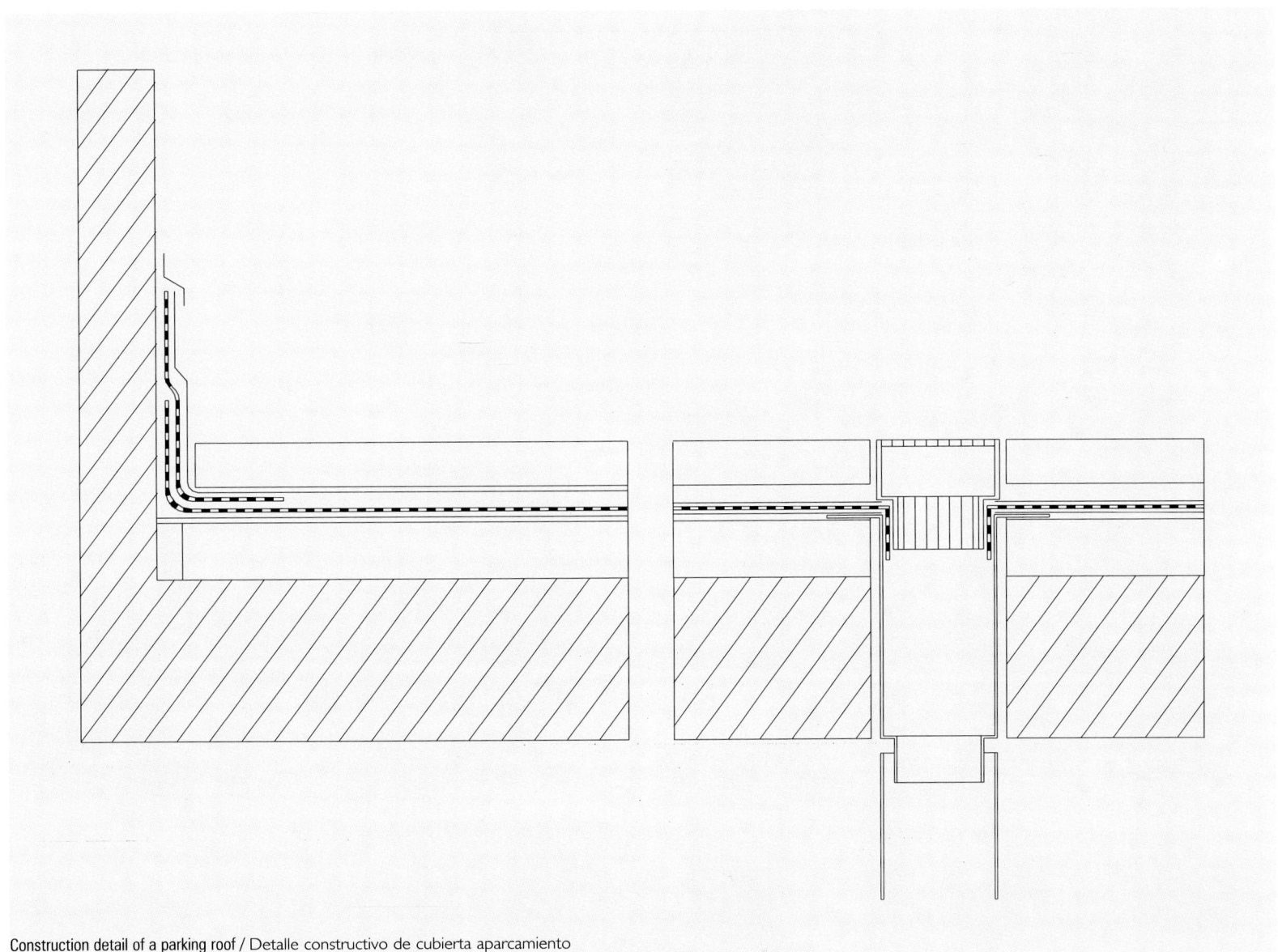

Construction detail of a parking roof / Detalle constructivo de cubierta aparcamiento

Supporting layer:	Concrete or mortar of fall layer.		Capa de soporte:	Hormigón o mortero de pendiente
Pitch:	0 to 3%.		Pendiente:	Del 0 al 3%
Separating layer:	Special anti-perforation layer of medium density geotextile felt.		Capa separadora:	Capa antipunzonante especial mediante lámina geotextil de gramaje medio
Waterproofing:	Bituminous or synthetic sheet.		Impermeabilización:	Láminas bituminosas o sintéticas
Separating layer:	Special anti-perforation layer of asphalt-impregnated paper with mineral granules.		Capa separadora:	Capa antipunzonante especial mediante chapas de cartón con asfalto y cargas minerales
Protection layer of the paving:	Hot applied asphalt, minimum thickness 5 cm.		Capa de protección del pavimento:	Aglomerado asfáltico en caliente, espesor mínimo 5 cm
Structural joints:	Those of the building.		Juntas estructurales:	Las estructurales del edificio
Roof joints:	Every 15 m with bituminous sheet.		Juntas de cubierta:	Cada 15 m con láminas bituminosas
Joints of the protection layer:	No joints are required.		Juntas de la capa de protección:	No se necesitan juntas.
Drains:	Must be protected with steel or cast-iron grates.		Desagües:	Deben quedar protegidos con rejillas de acero o de fundición

Main elevation / Alzado principal

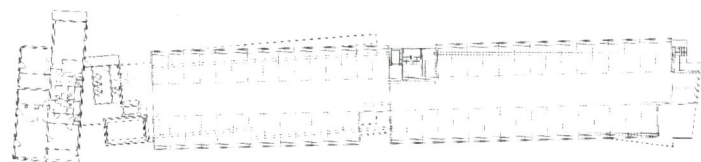

Parking roof plan / Planta cubierta de aparcamiento

Dick Van Gameren & Bjarne Mastenbroek. Housing with a roof-parking (Nijmegen, The Netherlands)

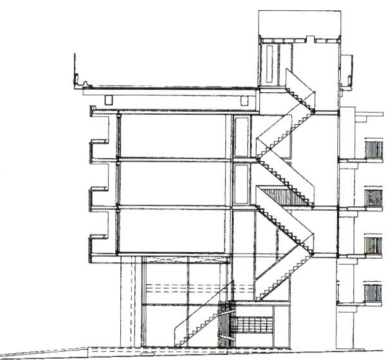

Cross section / Sección transversal

This roof floor houses a large parking area. This acts as a cornice, defining and unifying the composition of the facade plane.

Este proyecto queda rematado por la planta de cubierta destinada a albergar una amplia zona de aparcamiento. Ésta actúa como cornisa, delimitando y unificando la composición del plano de fachada.

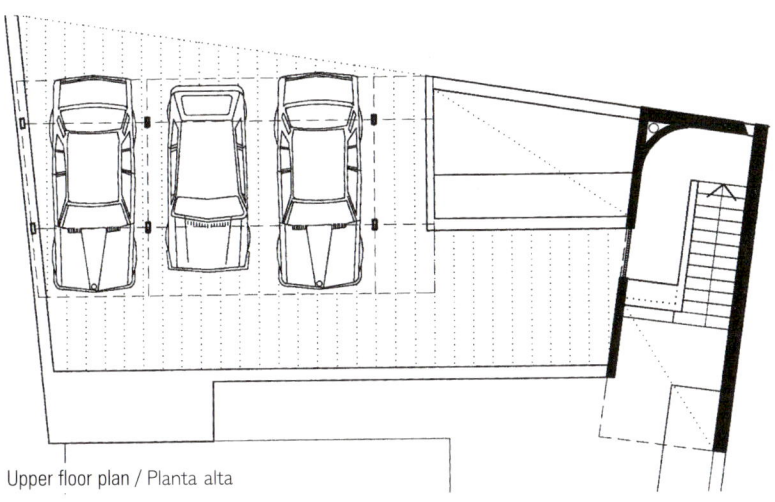

Upper floor plan / Planta alta

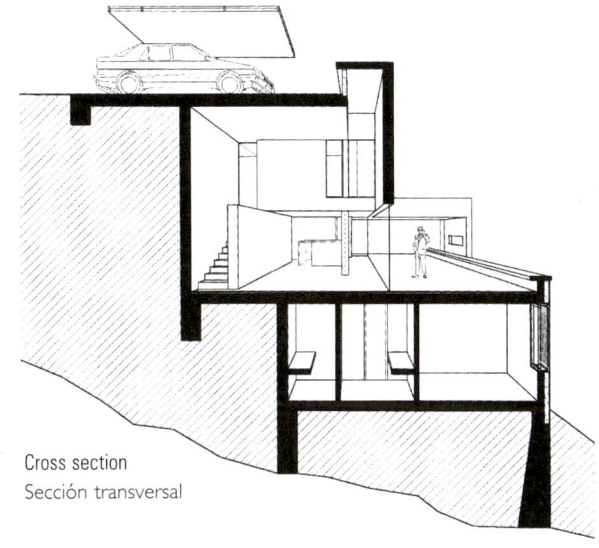

Cross section
Sección transversal

Sandra Barclay & Jean-Pierre Crousse. Casa B (Playa La Escondida, Cañete, Perú)

Roof/facade systems

Cubiertas-fachadas

The separation between the roof and the wall is of simple operation: each element performs its function. In some cases, however, the roof forms the outer skin of the building, with no separation between where the roof ends and the facade begins. The roof fulfils its requirements and acts in turn as a facade, like a single skin that wraps the building completely, acting as a container and establishing a different relationship between the spaces defined in the exterior and the interior. The difference lies in the fact that roof/facade systems contain spaces in themselves: they generate a content in their interior and clearly mark the limits with the exterior.

There is no transition between these spaces. Nor is there a prolongation of the interior space into the exterior space or vice-versa. They are pure, independent spaces in themselves. The envelope is thus presented as an idea. Both an expression of the construction technique and the poetics of the architecture are satisfied. For these roofs, easily malleable materials such as metal plate are used to create the appropriate forms. Reinforced concrete can also be used, since it can be made to adopt any shape, and other materials can be used (providing the elements are sufficiently small) to adapt to the desired form.

La separación entre la cubierta y el cerramiento es sencillamente operativa: es decir cada elemento realiza su función. Pero puede darse el caso de que no exista separación entre la cubierta y la fachada de manera que la cubierta determine el tratamiento exterior del edificio, sin que se pueda establecer una separación entre dónde termina la cubierta y dónde comienza la fachada. La cubierta, cumpliendo con sus exigencias, actúa a su vez como fachada, como una única *piel* que envuelve por completo al edificio, constituyendo un espacio por sí misma, y estableciendo una relación distinta entre los espacios definidos en el exterior y el interior. La diferencia estriba en que las cubiertas fachadas contienen espacios por sí mismas: generan un contenido en su interior, marcando claramente los límites y más allá de estos límites se encuentra el exterior.

No existe una transición entre estos espacios. Tampoco existe una prolongación del espacio interior en el exterior o viceversa. Son espacios independientes, puros, espacios por sí mismos. Así, la envolvente se presenta como una idea. Se satisface tanto una expresión de la técnica constructiva como la poética de la arquitectura. Para ello se emplean materiales que sean fácilmente maleables, como las chapas metálicas, para darles las formas adecuadas. También se puede usar hormigón armado, ya que su técnica de ejecución le permite adoptar cualquier forma, y otros materiales siempre que las piezas sean de pequeño tamaño para poder ajustarse a la forma deseada.

Nick Derbyshire Design Associates Ltd. Willesden Freight Depot (London, UK)

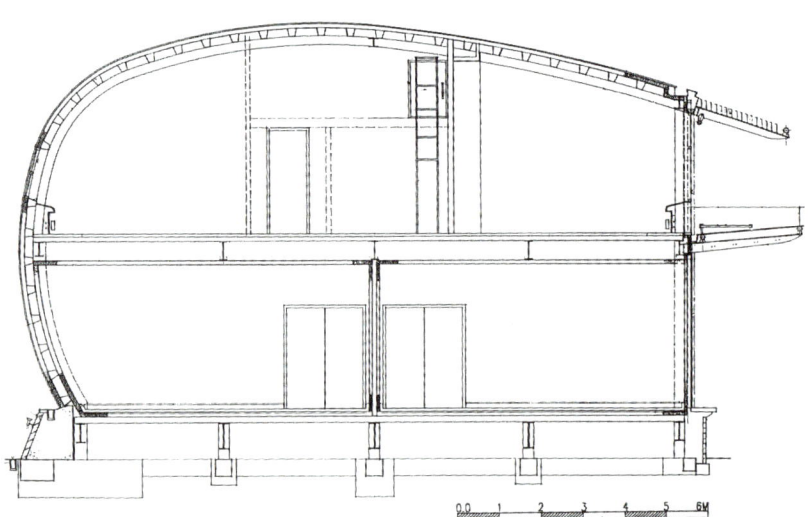

Cross section / Sección transversal

A broken cone with an elliptical section, clad in aluminum and repeating the shape of the site in three dimensions, appears as if suspended over the mass of the base.

Un cono truncado de sección elíptica, revestido de aluminio y que repite tridimensionalmente la forma del predio, aparece como suspendido sobre la masa de la base.

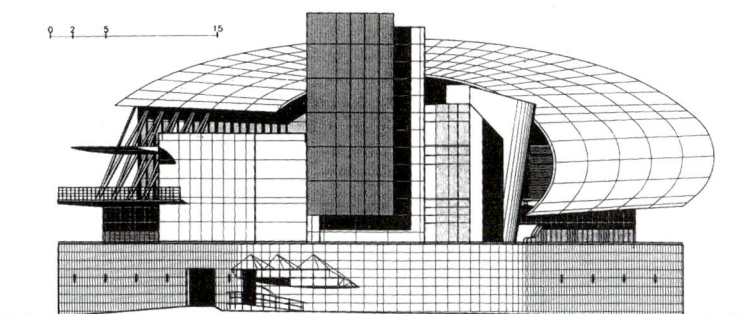

South East elevation / Alzado sureste

Enrique Norten. Servicios Televisa (Mexico D. F., Mexico)

The geometrical characteristics of the equipment of the initial and final arm, and the search for a clean formal solution involving simple single volumes led to the decision to use two volumes with a parabolic section to cover these facilities. This solution also offers structural and economic advantages, with a reduction in section in the porticoes, because in a parabola there is no bending, only compression, and with a reduction in the resulting area of roof plate compared with the traditional parallelepiped volume with a gable roof.

Las características geométricas de las instalaciones del brazo inicial y final, y la búsqueda de una solución formal limpia, con volúmenes únicos y sencillos llevaron a la adopción de dos naves de sección parabólica para cubrir estas instalaciones. Esta solución presenta también ventajas estructurales y económicas, con reducciones de sección en los pórticos, dado que en una parábola no se producen flexiones, tan sólo compresiones, y con reducción de la superficie resultante de chapa.

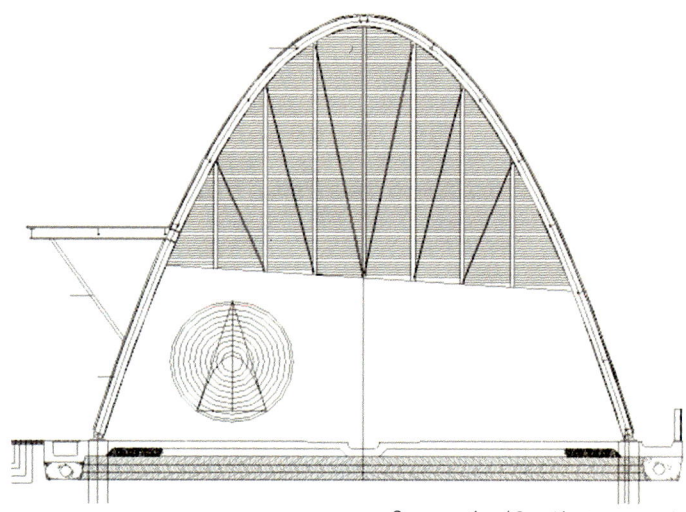

Cross section / Sección transversal

B. Fernández, I. Pascual & X. Bonet. Planta de tractament de residus (Vilafranca del Penedès, Spain)

92

As a departure from the standard model of scattering the various functions over the site, here a single structure houses all of the elements within a head, trunk and tall. The structure is steel, with an aluminium skin. Continuous lines running the length of the body reinforce the structure's streamlined look.

En este caso, y a diferencia del patrón estándar que consiste en distribuir separadamente las diversas funciones por el espacio, una sola estructura aloja todos los elementos necesarios dentro de una cabeza, un tronco y una cola. La estructura es de acero, con una *piel* de aluminio. Las líneas continuas que recorren la longitud del edificio refuerzan el aspecto aerodinámico de la estructura.

Oosterhuis.nl. Garbage Transfer Station (Trende, The Netherlands)

93

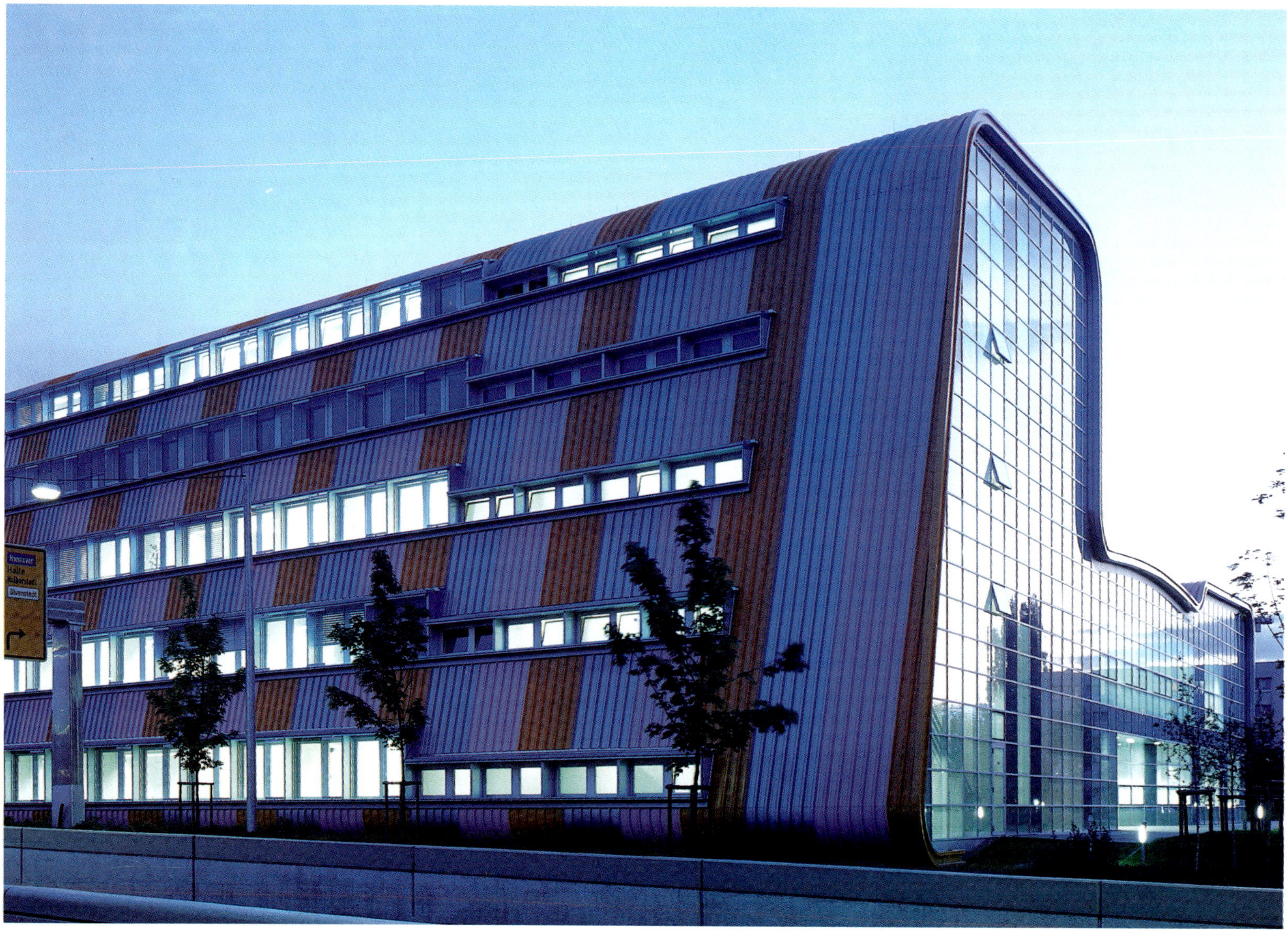

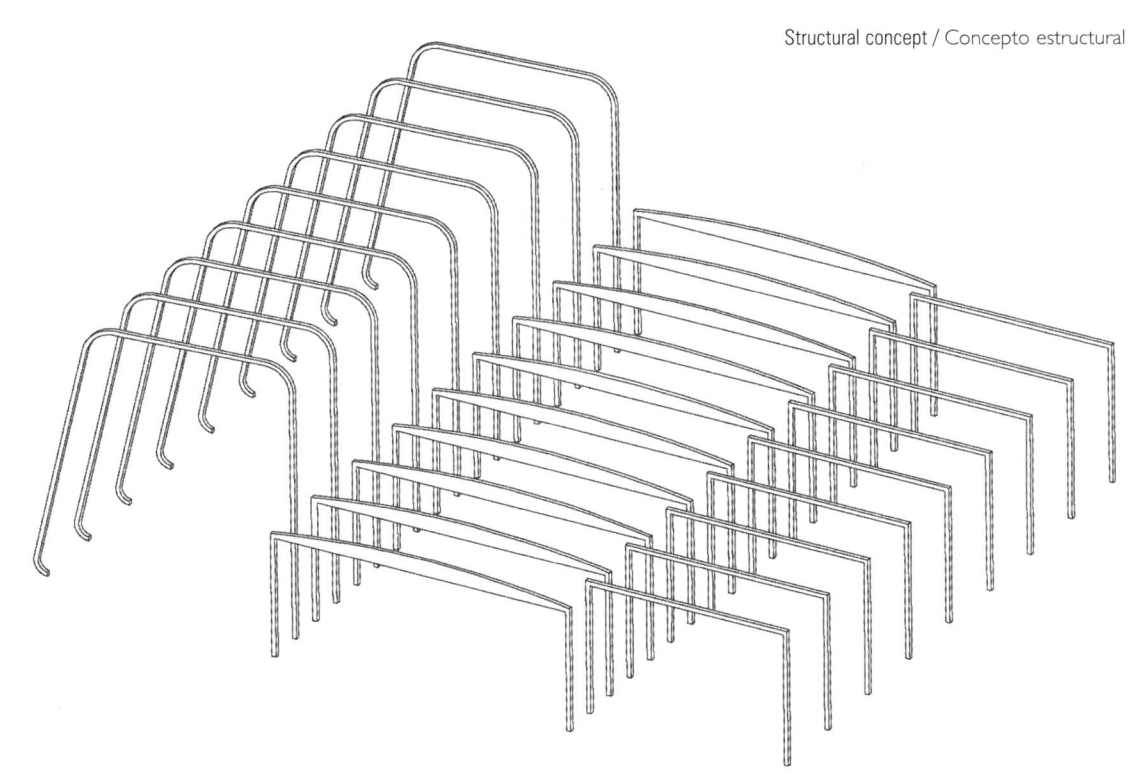

In the east-west direction the facades and roofs are continuous, producing the effect of a large, colored 'blanket' draped over the undulating section. On a symbolic level this 'blanket' visibly combines the heterogeneous elements of the program into one body, while its bold coloring ensures a special identity within the campus.

En dirección este-oeste, las fachadas y las cubiertas son continuas dando la impresión de haber echado una gran *manta* coloreada sobre su sección ondulada. En un plano simbólico, la *manta* da cierta unidad visual a los elementos heterogéneos del programa mientras que sus colores vivos confieren al edificio una identidad diferenciada dentro del campus.

Sauerbruch Hutton architects. Experimental Factory (Magdeburg, Germany)

Other types of roof

Otros tipos de cubiertas

The evolution of roofs and the urge for experimentation has led to the creation of roofs with particular formal characteristics that do not fall within the general classification. Though they will always be identified roughly with one of the two main groups, pitched roofs or flat roofs, due to their geometric complexity they are given a separate chapter.

This type of roof requires special elements to provide the aesthetic and structural solutions, because all the elements are not the same. The difficult points, such as ridges, hips and valleys must be designed specially for each case.

Care must also be given to waterproofing, tensile strength to withstand movement and structural compatibility to withstand deformation. Though attention must be paid to these points in all types of roof, in these cases special care must be taken in their execution.

For this type of roof, a wide variety of materials and forms create the identity of each scheme.

La evolución de las cubiertas y el ansia de experimentar lleva a la creación de cubiertas formalmente especiales, distintas, que no entrarían en las clasificaciones generales. Aunque siempre existirá una primera identificación con uno de los dos grandes grupos, cubiertas inclinadas o cubiertas planas, la complejidad geométrica de algunas de ellas nos conduce a clasificarlas en este capítulo aparte.

Esta modalidad precisa de piezas especiales que resuelvan de manera estética y constructiva las cubiertas, puesto que todas las piezas de una misma no serán iguales. Las de puntos conflictivos, como cumbreras, limatesas y limahoyas deberán ser diseñadas especialmente para cada caso.

Asimismo, se ha de controlar el riesgo de infiltraciones, la resistencia al movimiento por tracciones, la compatibilidad con la estructura por deformaciones. Situaciones que si en todos los tipos de cubiertas se han de vigilar, en estos casos se ha de poner un cuidado especial en su ejecución.

Las cubiertas de este capítulo muestran una variedad de materiales y formas que las convierten en la identidad de cada proyecto.

Axonometric view / Axonometría

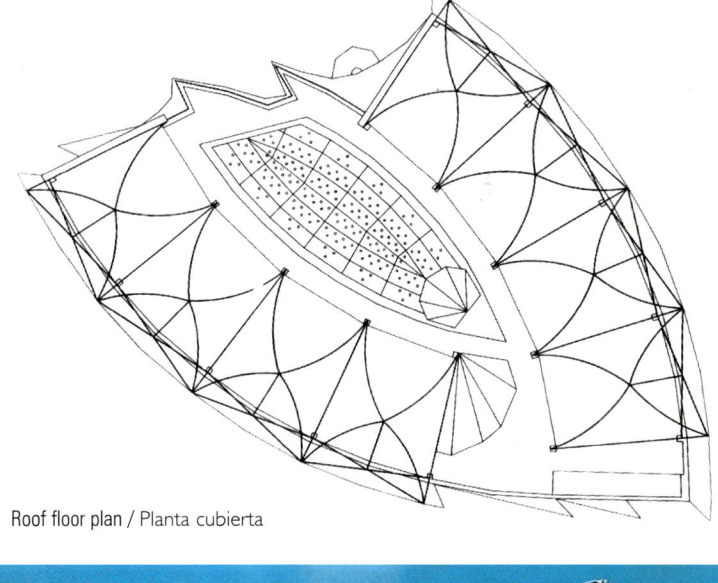

Roof floor plan / Planta cubierta

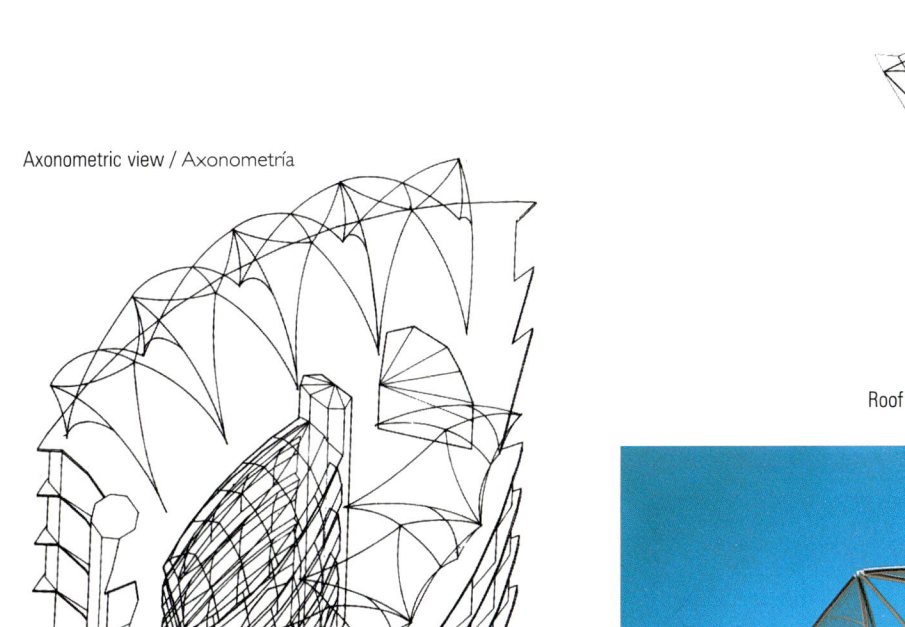

Yasumitsu Matsunaga Modern Architecture Institute. Y's Court Nakahara (Kawasaki, Japan)

The Aura house is located in a typical Japanese "eel's nest" site. The challenge was to bring light and air into the center of the house. Concrete walls were run down either side of the site and a translucent membrane was stretched between them. In order to sustain tension in the roof fabric, a complex curve was created by making the two walls identical but reversed. Cylindrical concrete beams brace the two walls. The opposing ridge lines cause the orientation of the beams to twist along the length of the building - despite appearances, a rational structural solution. The fabric skin filters sunlight by day, and glows by night: the building pulses, "breathing" light with the 24-hour rhythm of the city.

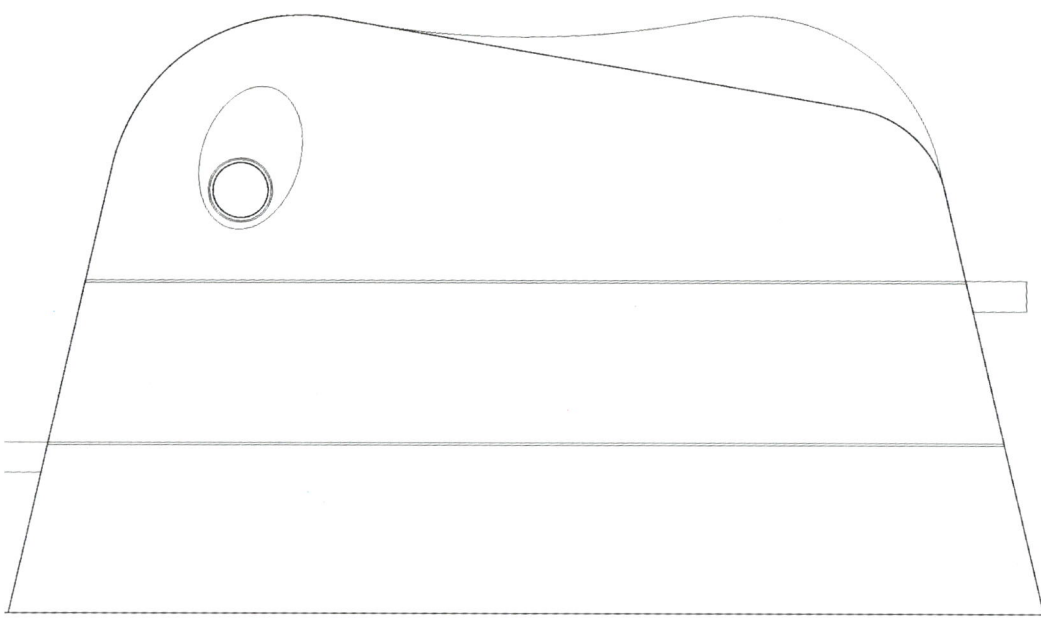

Side elevation / Alzado lateral

La casa Aura está situada en un típico "nido de anguila" japonés (calles estrechas y profundas). El reto que planteaba el proyecto era el de hacer llegar la luz y el aire hasta el centro de la casa. Se levantaron unos muros de hormigón a ambos lados del espacio en construcción extendiendo una membrana translúcida entre ellos. Para sostener la tensión de la estructura de la cubierta se creó una curva compleja haciendo idénticos, aunque inversos, los muros, reforzados además por unas vigas cilíndricas de hormigón. Las líneas de caballete opuestas provocan que la orientación de las vigas se tuerza a lo largo del edificio; a pesar de lo que pueda parecer, esto no constituye más que una solución estructural racional. La *piel* del edificio filtra la luz solar durante el día y brilla durante la noche: el edificio parece latir, *respirando* luz al ritmo de las 24 horas de la ciudad.

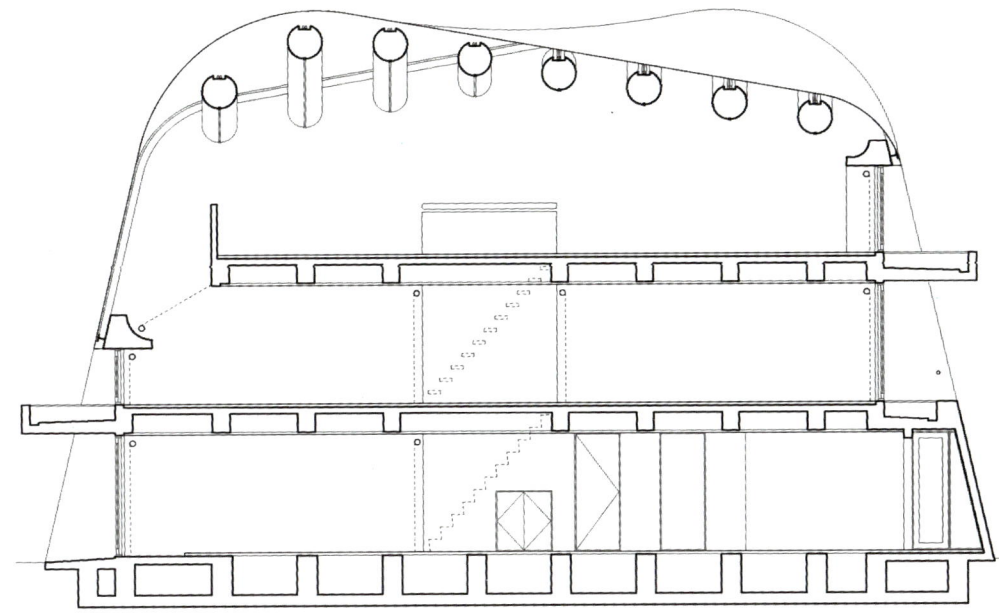

Longitudinal section / Sección longitudinal

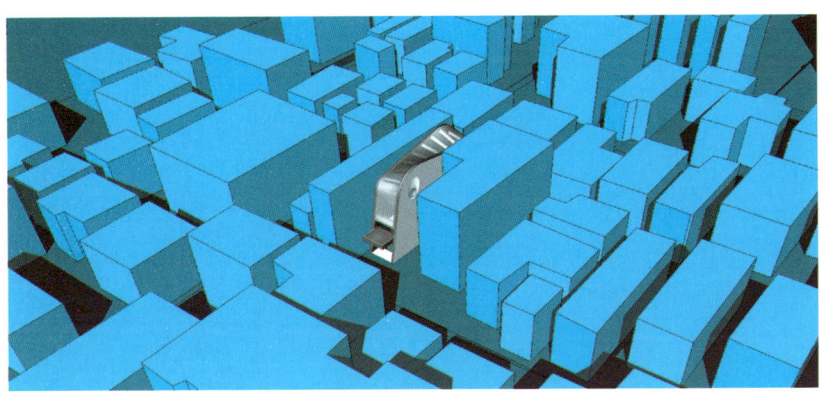

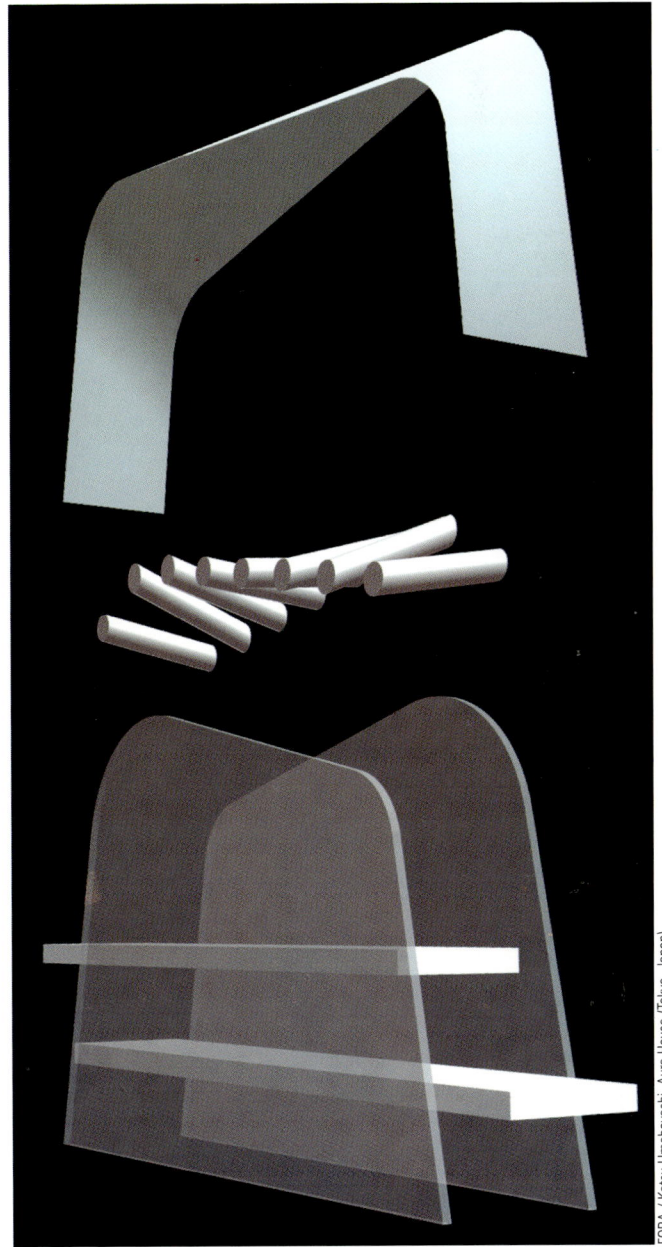

FOBA / Katsu Umebayashi. Aura House (Tokyo, Japan)

101

North West elevation / Alzado noroeste

South East elevation / Alzado sureste

South West elevation / Alzado suroeste

Parallel to the coastline, a single row of beams of 40 cm of diameter act as the dorsal fin of a structural skeleton. This frame, modulated continuously by pairs of crosspieces of 25 cm of diameter, appears as a rhythmic succession of trunks that give form to the whole, with the roof standing out slightly at each end, providing a set of covered exterior spaces. The movements of the roof on the side facing the sea are calibrated with the sea views to take full advantage of the reflections of light and the vegetation, and to provide shade on the forest side. This structural system extends toward the landscape with a form that recalls the silhouette of a long dorsal fin. To increase the interior lighting and keep the air cool, a continuous skylight provides speckled light filtered through the nearby trees.

Se optó por construir, paralelamente a la línea costera, una única cadena de vigas de 40 cm de diámetro que actuara como espina dorsal de un esqueleto estructural. Este armazón, modulado de forma continua por parejas de travesaños de 25 cm de diámetro, aparece como una sucesión rítmica de troncos que dan forma al conjunto y en el que la cubierta sobresale ligeramente en cada uno de sus extremos, proporcionando un conjunto de espacios exteriores cubiertos. Los movimientos de la cubierta del lado que da al mar están calibrados con las vistas marítimas para aprovechar al máximo los reflejos de luz y la vegetación del paraje, al tiempo que proporciona sombra en el lado del bosque. Este sistema estructural se extiende hacia el paisaje sugiriendo una forma que recuerda a la silueta de las espinas de un pez alargado. Para aumentar la iluminación interior y proporcionar frescura al mismo tiempo se abrió también una claraboya continua que salpica tenuemente la luz que se filtra entre los árboles cercanos.

Helliwell + Smith Blue Sky Architecture. Grenwood House (Galiano Island, Canada)

Roof floor plan / Planta cubierta

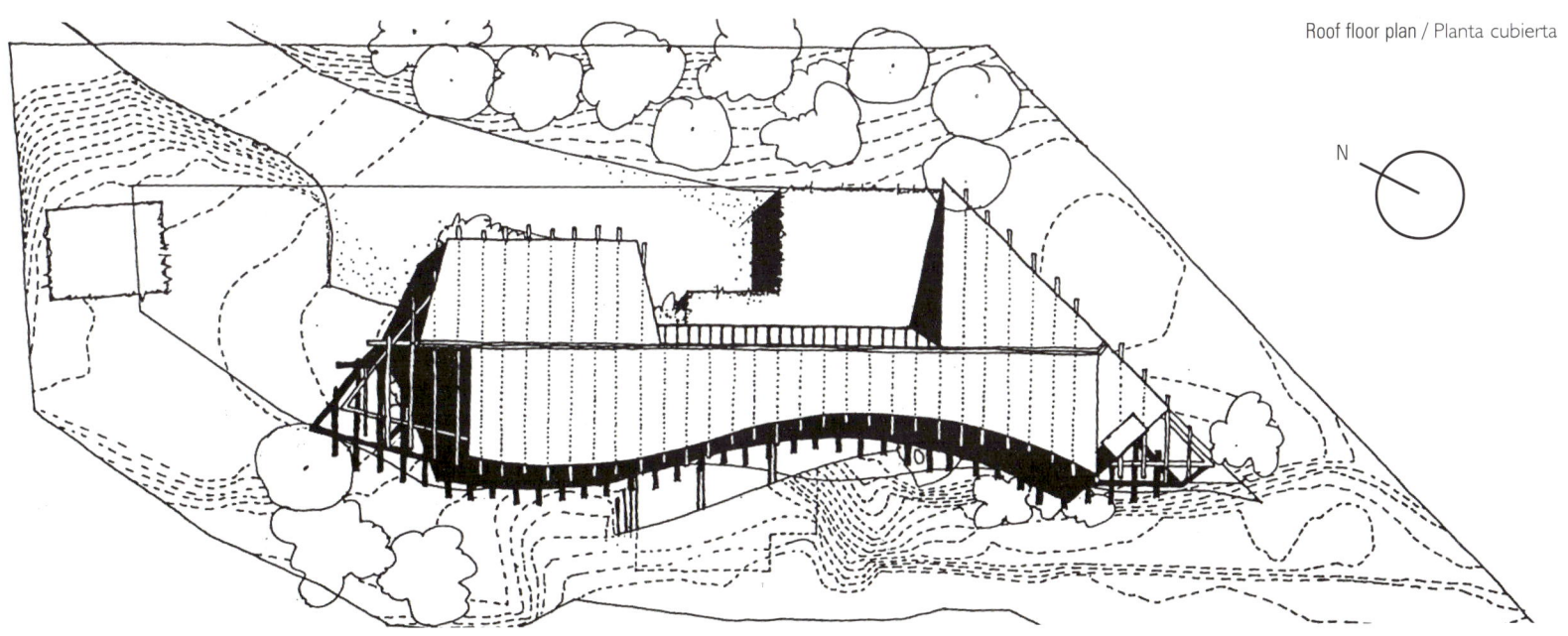

N

The cedar-shingled, glu-laminated undulating roof divides at the entry point to allow the visitir to take cover from the wind and rain and yet see right through the structure to the sea and rock islands beyond. On the north side the roof reaches the ground to guide the wind over the house, whereas the south side is open, with terraces over the best views. The roof structure is visible from inside as a series of glu-laminated beams which create an undulating surface of wood, copper and glass forming a large space visible from one end to the other over the partitions of the bedroom at each end.

La ondulada cubierta de tejamanil de cedro, de maderas laminadas encoladas, se divide en el punto de la entrada para permitir al visitante refugiarse del viento y la lluvia, y al mismo tiempo divisar, a través de la estructura, el mar y los islotes rocosos al fondo. En la cara norte, la cubierta llega a tocar el suelo lo que facilita el paso del viento; la cara sur está muy abierta y dispone de terrazas hacia las mejores vistas. La estructura de la cubierta es visible desde el interior como series de radios de madera laminada encolada; se forma así una superficie ondulada de madera, cobre y vidrio, creando un gran espacio visible desde un extremo hasta el otro por encima de las particiones del dormitorio.

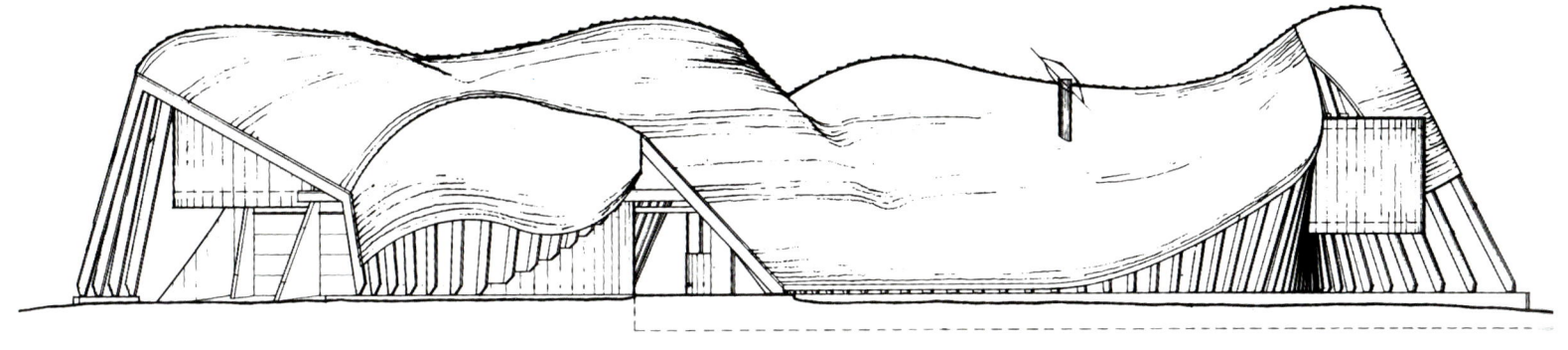

East elevation / Alzado este

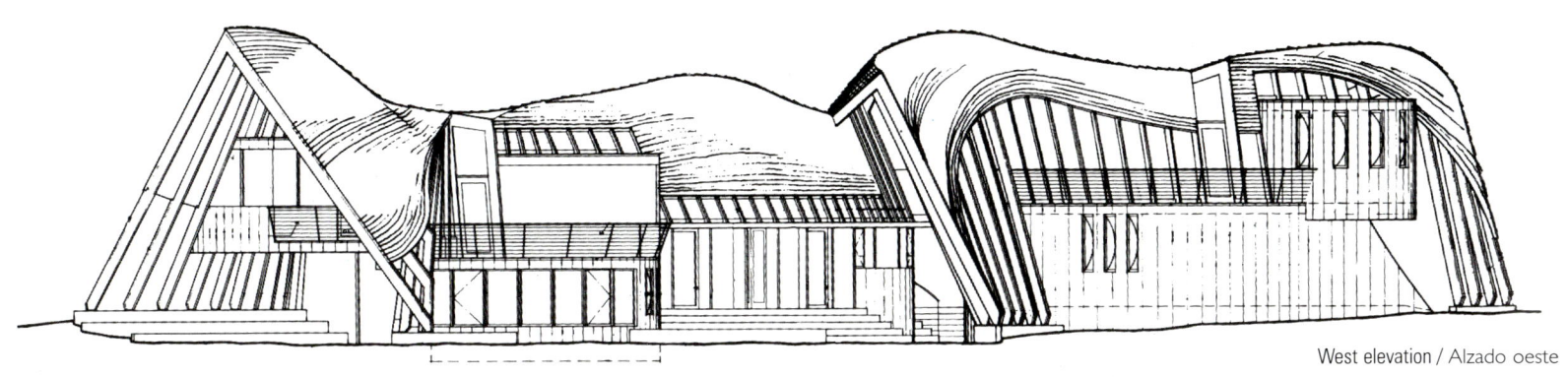

West elevation / Alzado oeste

Bart Prince. Hight Residence (Mendocino, USA)

The transparent part of the Whale is made of naturally colored curved glass. The laminated glass beams of the roof support the transparent sea of clear glass in which the Whale comfortably floats. The roof level is dominated by a totally glazed organic mass that obviously challenges the symmetry of the existing building.

La transparente *piel* de la *ballena* está fabricada con vidrio curvado y coloreado. Las vigas de vidrio de la cubierta soportan el mar transparente de cristal en el que confortablemente flota. La planta de la cubierta se encuentra dominada por una masa orgánica totalmente acristalada que desafía de forma evidente la simetría del edificio existente.

Erick Van Egeraat. ING Bank & NNH Headoffices (Utrecht, The Netherlands)

The main elements of the structure are the numerous "wing" elements that crawl over the rear part of the building, the skylight that runs along the longitudinal axis, and a complex overhanging roof supported by fine metal angles laid out in a fan-shape that bend with the force of the strong wind that blows in this area. The effects of light on the exterior are supplemented inside the dwelling by means of the incorporation of polycarbonate deflectors on the roof, just above the skylight. These are secured by fine rods and deviate the rays of light creating a pleasant illumination.

Los principales elementos de la estructura son los numerosos elementos en "ala" que se arrastran sobre la parte posterior del edificio, la claraboya que recorre el axis longitudinal, así como un complejo tejado en voladizo sujetado por finos ángulos metálicos expuestos en abanico y que se doblan cuando sopla el fuerte viento que acostumbra a golpear esta zona. Los efectos de luz en el exterior se complementan dentro de la vivienda mediante la incorporación de unos deflectores de policarbonato en la cubierta. Éstos, sujetos por finas varillas, se sitúan encima de la claraboya y desvían los rayos proporcionando una agradable iluminación.

Roof floor plan / Planta cubierta

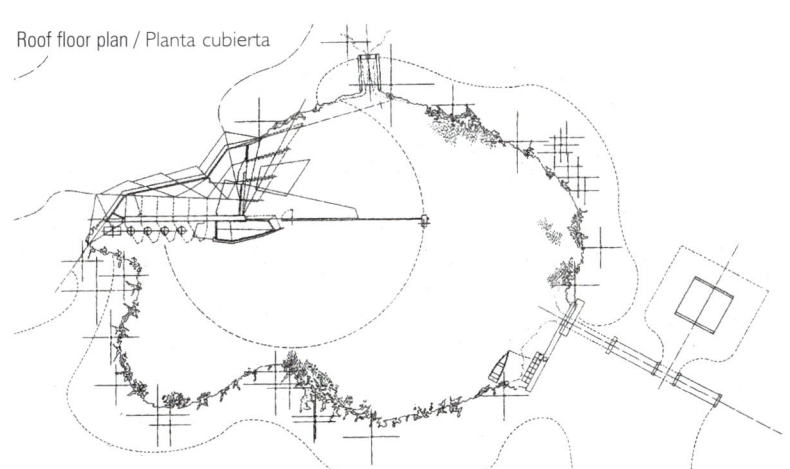

Niall McLaughlin. Northamptonshire Shack (Northamptonshire, UK)

107

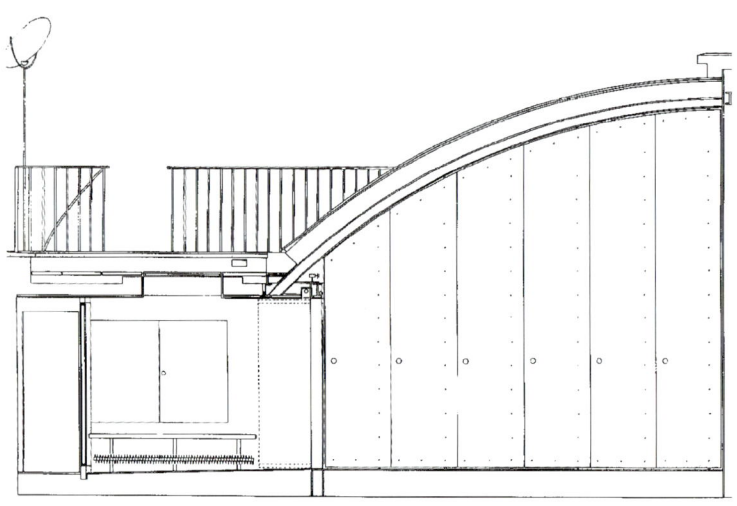

Cross section / Sección transversal

Cross section / Sección transversal

Brookes Stacey Randall. Lowe apartment (London, UK)

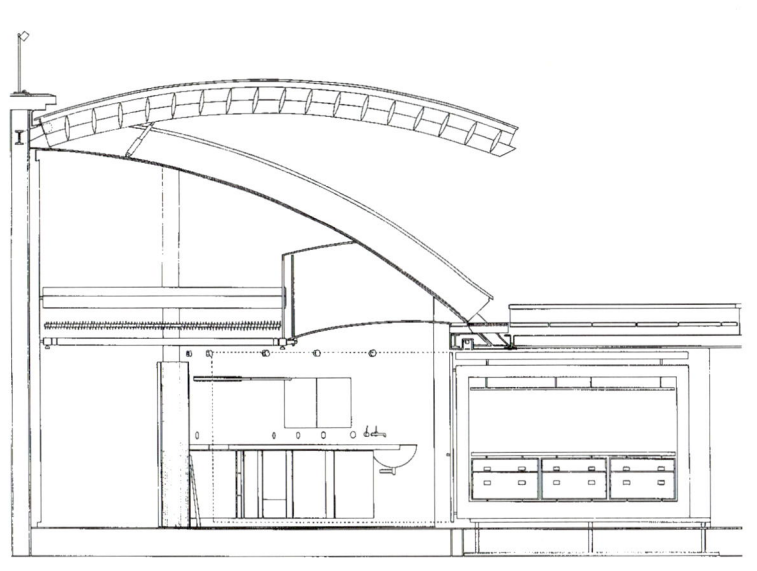

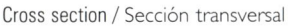

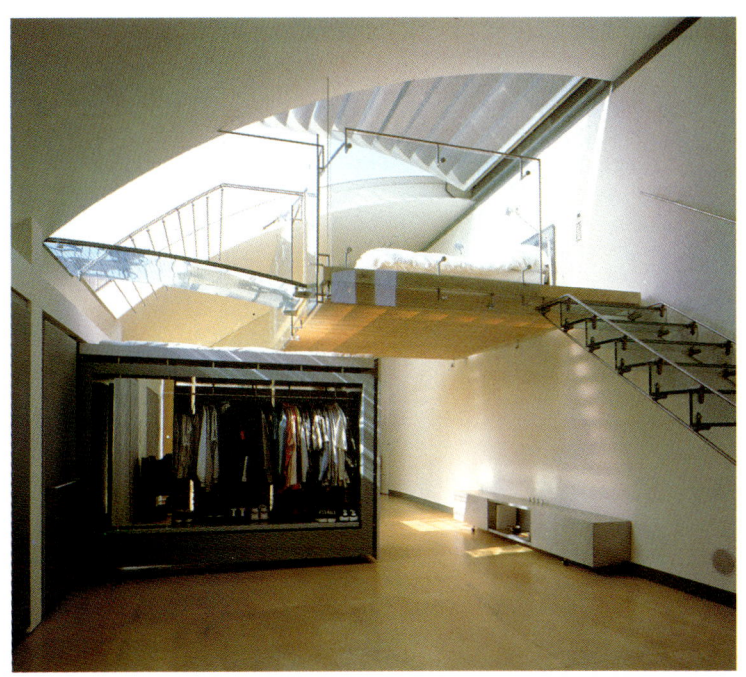

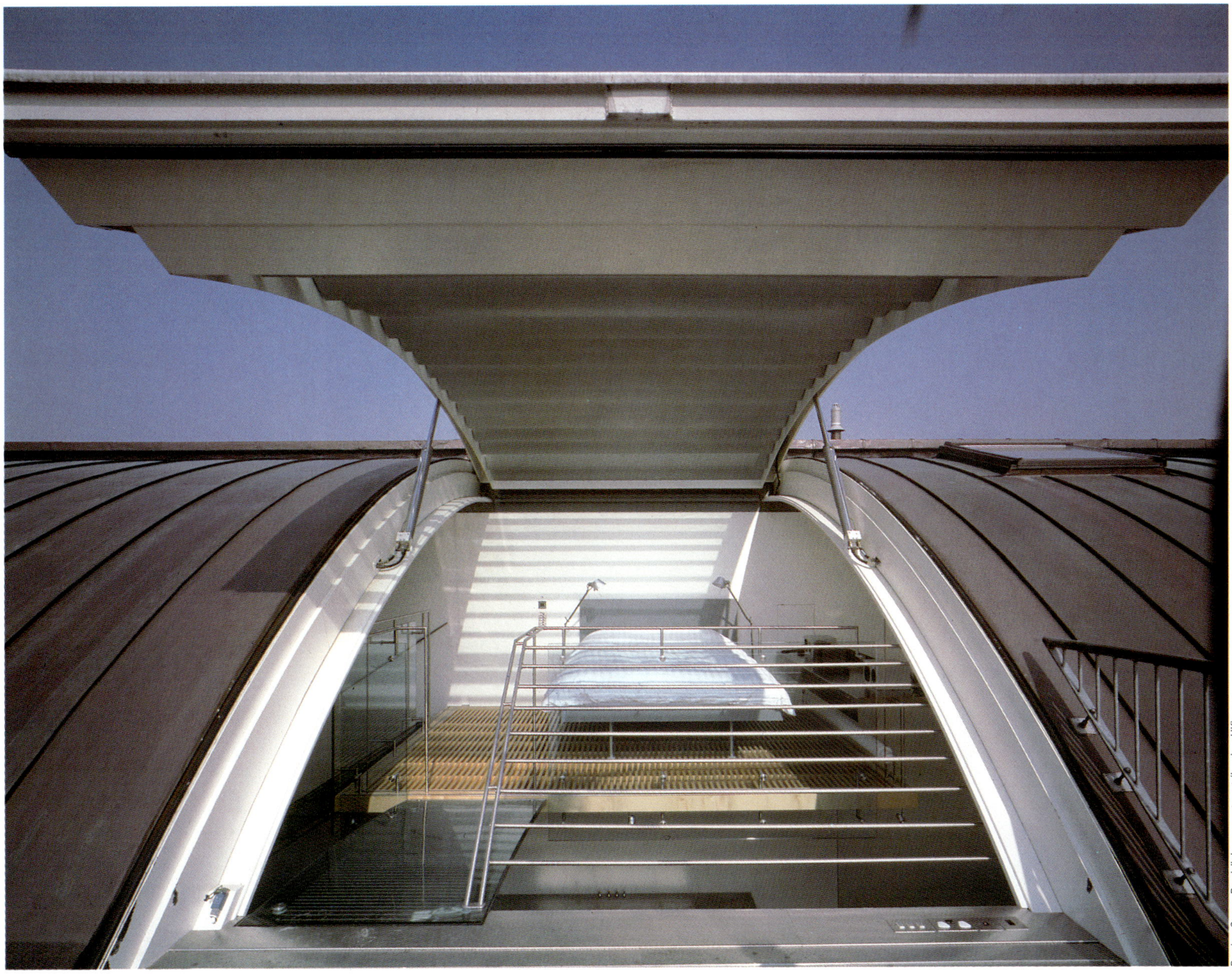

Auxiliary elements

Elementos auxiliares

rooflights / claraboyas y lucernarios

Rooflights are a solution that provide natural lighting to small and large spaces. These elements can cause a problem of higher temperature in the interior due to the greenhouse effect. Sunlight, which has a short wavelength, crosses the glass easily and falls on the materials in the interior, which are heated and generate long wave radiation that cannot escape through the glass and therefore increase the interior temperature. To solve this problem, one can design a system of shading and ventilation that allows the overheated air to be evacuated, including the total opening of the rooflight in summer.

Dome lights can be placed on flat or pitched roofs providing that the pitch is no greater than 10%. They are composed of three parts: the dome, the base and the opening system. The dome is the translucent part that lets the light in. The base is the part that is attached to the roof and the (optional) opening system allows the dome light to be opened for ventilation.

Los lucernarios y las claraboyas son una solución para iluminar de forma natural pequeños y grandes espacios. Estos elementos pueden plantear un problema de aumento de temperatura en el interior, debido al efecto invernadero. Es decir, la radiación solar, compuesta por longitudes de onda corta, atraviesa el vidrio con facilidad, incide sobre los materiales del interior, que se calientan y generan radiación de onda larga, que no puede atravesar el vidrio aumentando la temperatura del interior. Para solucionarlo se puede diseñar un sistema de sombreado y un sistema de ventilación que permita evacuar el exceso de aire sobrecalentado, pudiendo llegar incluso a la apertura total de la claraboya durante el verano.

Las claraboyas pueden colocarse en cubiertas planas e inclinadas siempre que su pendiente no sea superior al 10%. Las claraboyas se componen de tres partes: cúpula, zócalo y sistemas de apertura. La cúpula es la parte translúcida que permite que la luz pase. El zócalo constituye la parte para anclar la claraboya a la cubierta y los sistemas de apertura son opcionales y permiten la apertura de la claraboya para ventilar.

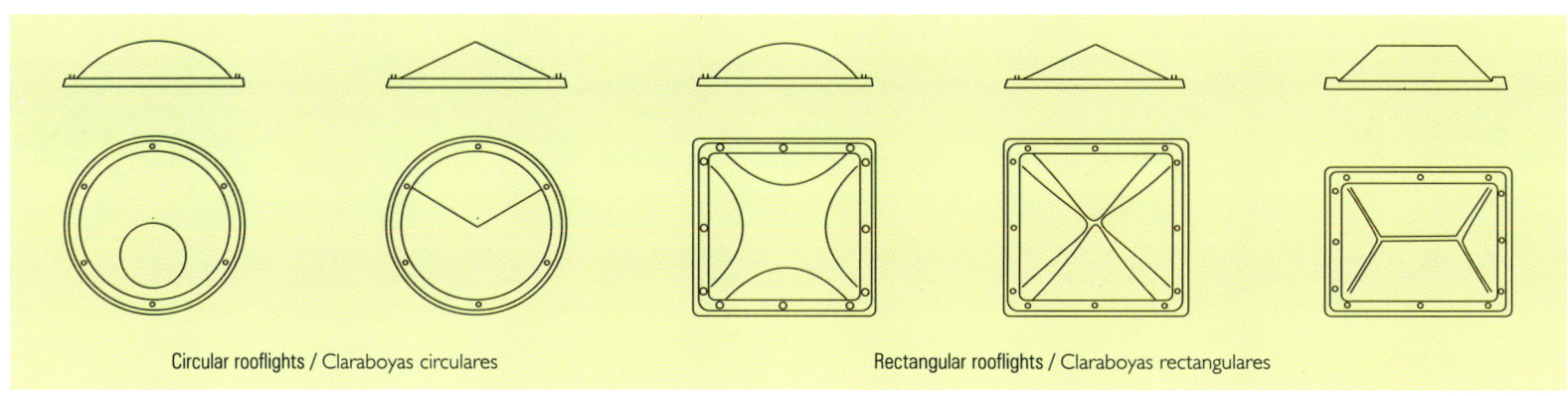

Circular rooflights / Claraboyas circulares

Rectangular rooflights / Claraboyas rectangulares

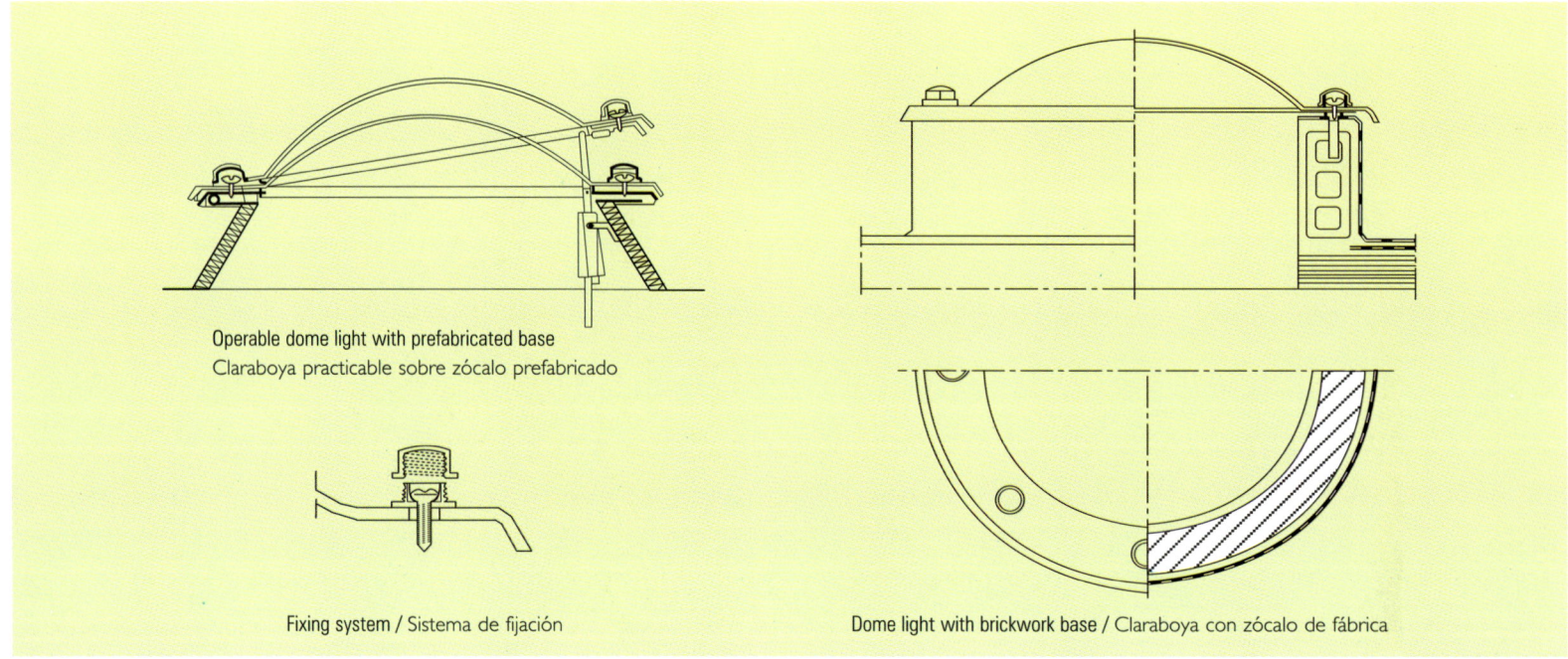

Operable dome light with prefabricated base
Claraboya practicable sobre zócalo prefabricado

Fixing system / Sistema de fijación

Dome light with brickwork base / Claraboya con zócalo de fábrica

The chuch interior has been canopied with a flat ceiling interpreted as the heavens, studded with twenty-five light cupolas through which daylight enters.

Se ha cubierto el interior de la iglesia con un cielorraso abovedado de hormigón armado, posible interpretación del cielo, perforado con 25 cúpulas-lucernarios a través de las cuales entra la luz del sol.

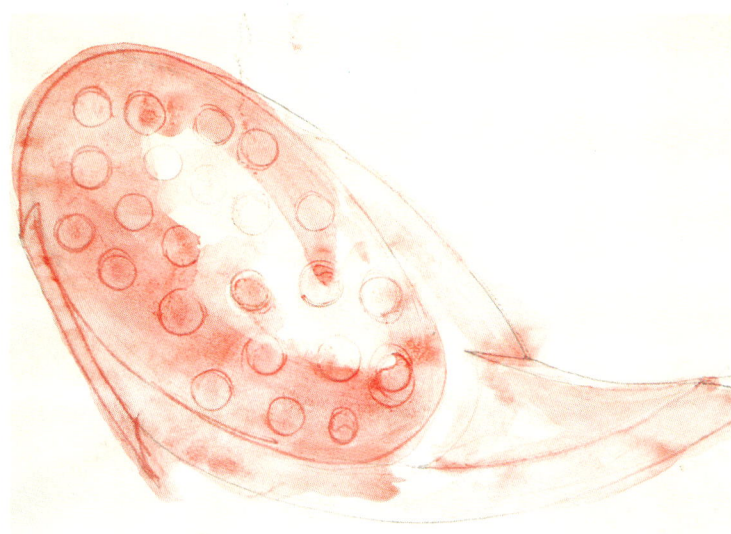

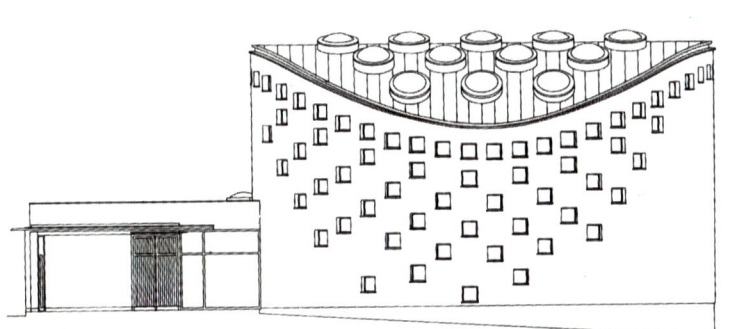

South elevation / Alzado sur

Roof lights may be of heavy-duty glass, fiberglass, cellular polycarbonate or translucent concrete, and can be set in metal or in concrete structures.

Their most essential quality is that they must be sufficiently strong to withstand the pressure of the wind and overloads arising from their location and size that may be up to 600 kg/m2. They can be set in flat or pitched roofs providing that the slope is no greater than 15%. They may be supported on four, three or two sides. The material chosen must allow the sunlight to provide uniform lighting, and sometimes it is necessary to avoid reflections or the concentration of light in certain zones. The protection from sunlight is complicated from the technical viewpoint in flat roofs with top lighting. In summer, roofs receive more than twice as much radiation as facades with the worst orientation, so they must be heavily protected.

Los lucernarios pueden ser de vidrio resistente, de fibra de vidrio, de policarbonato celular o de placas de hormigón translúcido, y pueden estar sobre un entramado de perfilería metálica o sobre entramados de vigas de hormigón armado.

La primera cualidad que debe poseer un lucernario es la de tener una resistencia adecuada especialmente frente a la presión del viento y a las posibles sobrecargas en función de su ubicación y tamaño. Pueden soportar cargas de 600 kg/m2, y se colocan sobre cubiertas planas y sobre cubiertas inclinadas siempre que su pendiente no supere el 15%. También pueden ir apoyados en cuatro, tres o dos lados.

Sobre la estructura se dispone el material de cerramiento, que permitirá el aprovechamiento de la luz solar pero convenientemente tratada, tamizándola de forma que proporcione una iluminación uniforme y, en ocasiones, evitando los reflejos o su concentración en zonas determinadas. La protección solar resulta complicada desde el punto de vista técnico para una cubierta plana con lucernario. La cubierta recibe en verano más del doble de radiación que las peores fachadas orientadas, por lo cual deben estar extremadamente protegida.

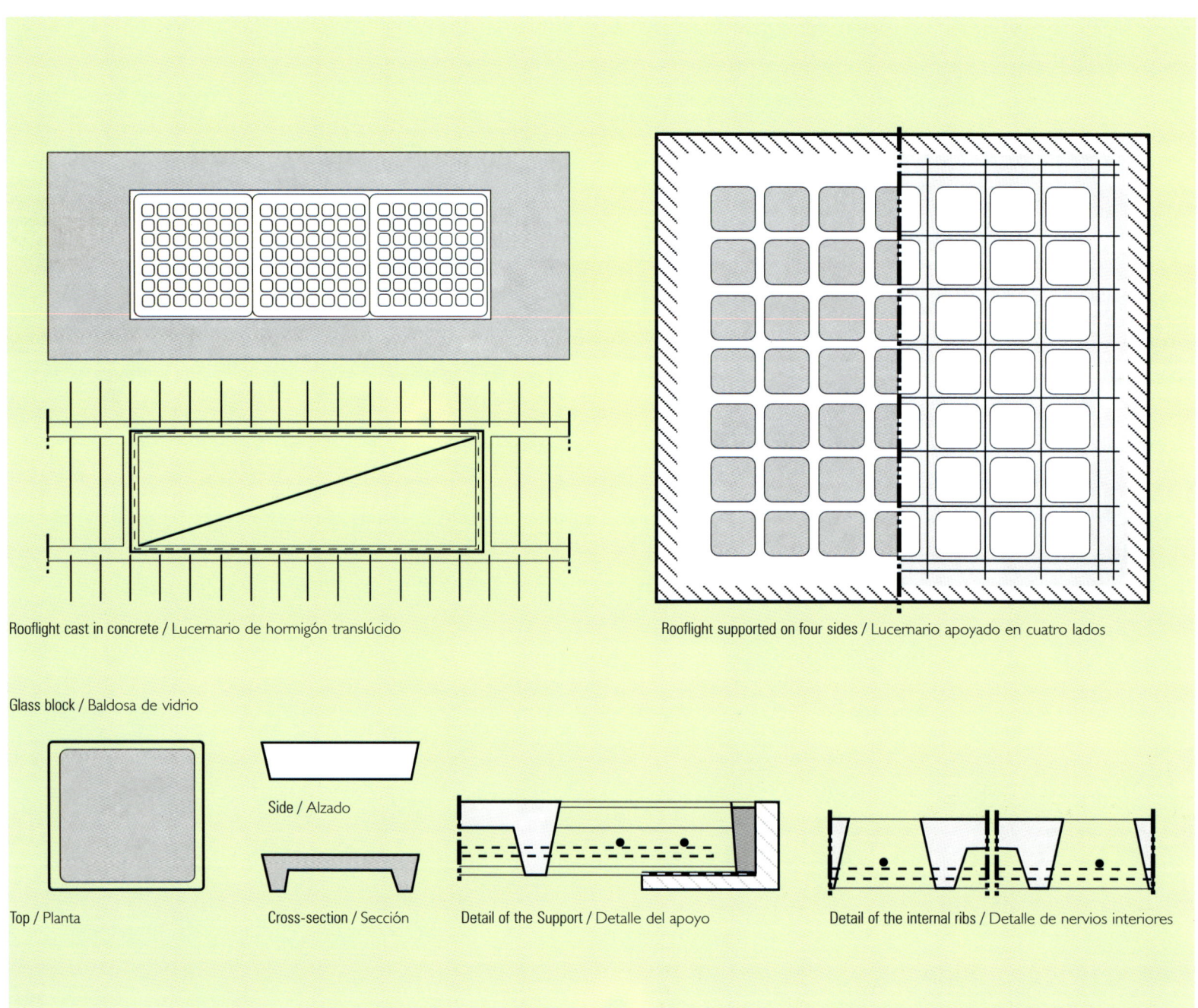

Rooflight cast in concrete / Lucernario de hormigón translúcido

Rooflight supported on four sides / Lucernario apoyado en cuatro lados

Glass block / Baldosa de vidrio

Side / Alzado

Top / Planta

Cross-section / Sección

Detail of the Support / Detalle del apoyo

Detail of the internal ribs / Detalle de nervios interiores

Flat skylights of steel profiles and glass laminate cover the interior voids, keeping rainwater out and ensuring the reproduction of the original lighting and ventilating conditions.

Los vacíos internos se han cubierto con lucernarios planos, construidos con perfiles de acero y vidrios laminados. Esto ha prevenido la entrada de la lluvia y garantiza la reproducción de las condiciones originales de iluminación y ventilación.

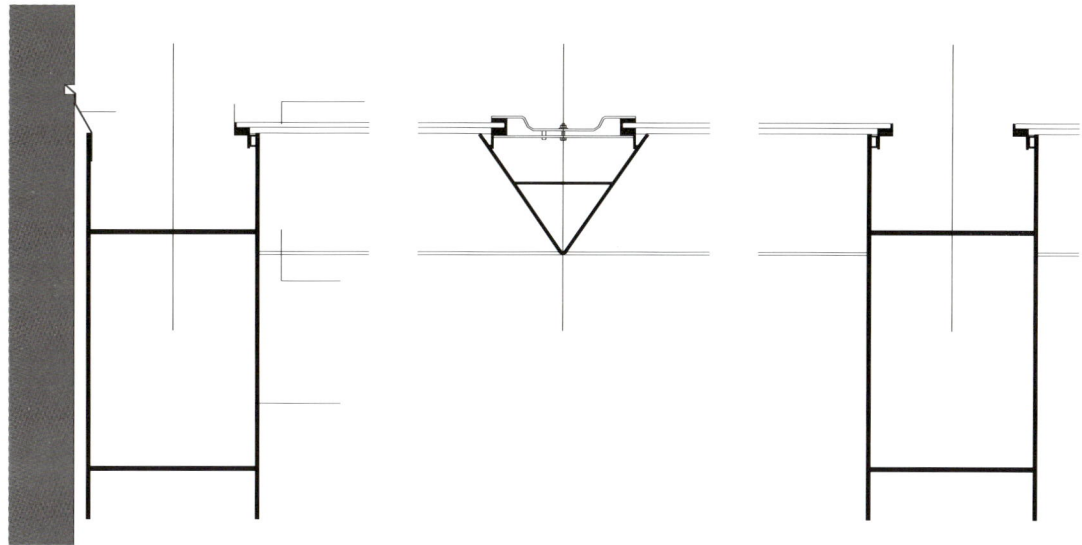

Construction detail / Detalle constructivo

Gaëlle Hamonic et Jean-Christophe Masson. House in a garage (Paris, France)

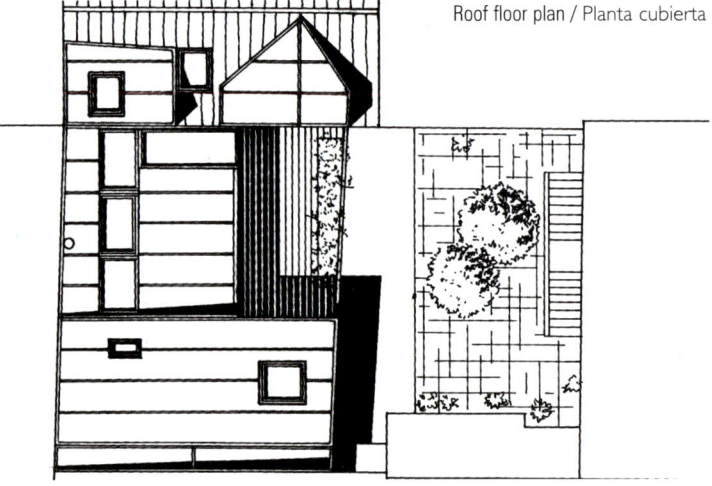

Roof floor plan / Planta cubierta

Construction detail / Detalle constructivo

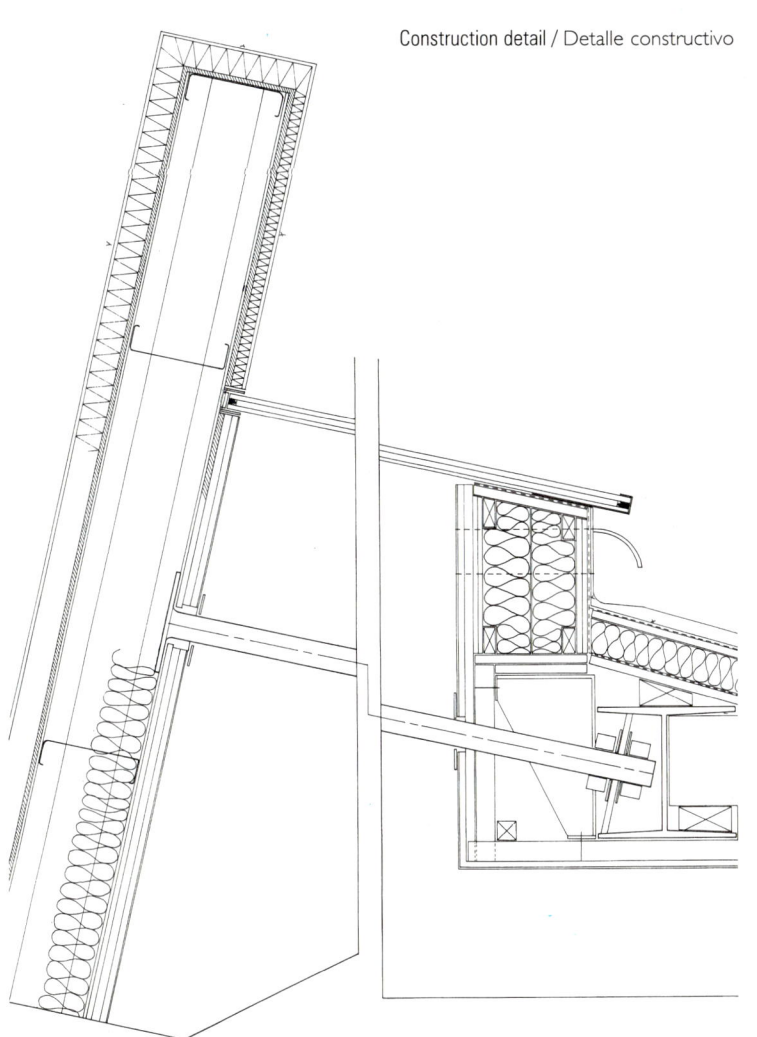

Guy Greenfield. Doctors-Surgery in West London (London, UK)

117

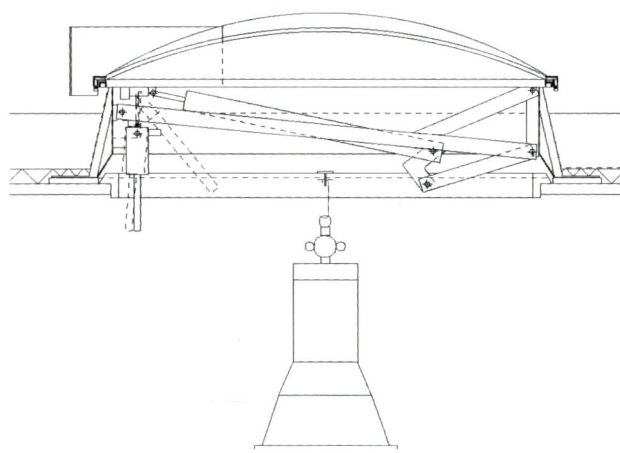

Construction detail / Detalle constructivo

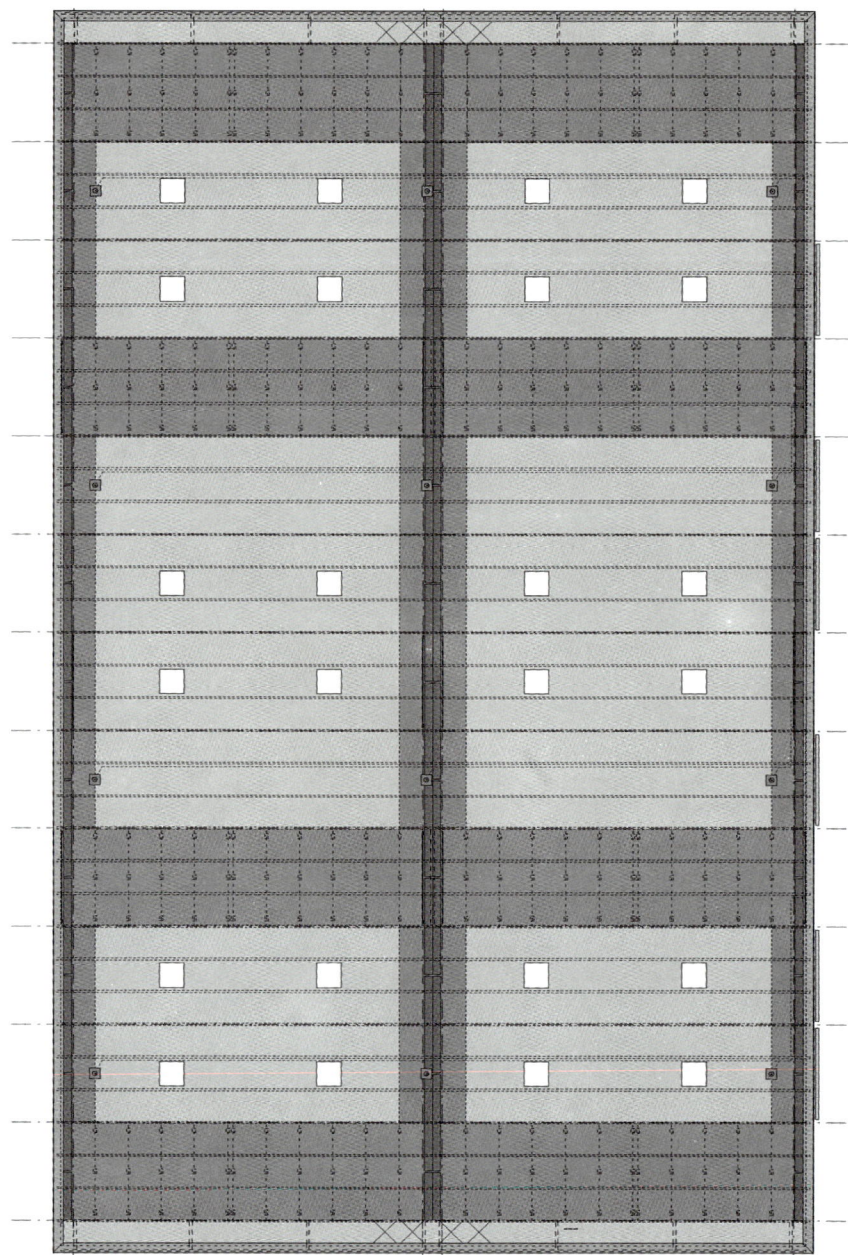

Roof floor plan / Planta cubierta

Florian Nagler Modern Architekten. Factory Hall, Bobingen (Bobingen, Germany)

As the primary structure over the individual bays, slender glued element beams at two meter centres were selected independent of the timber structure.

Como estructura primaria sobre las naves industriales, se escogieron vigas ligeras laminadas separadas 2 m, independientes de la estructura de madera.

The off-set and interlocking roof system re-interprets the existing roof by providing north-facing roof-light and also contains the extensive mechanical equipment required for the laboratories. Construction is a concrete slab and column system with a 2.50 meter steel truss roof in a off-set layout, which allows daylight to penetrate the lab and office spaces below. The V-shaped volume at the top of the roof-light provides space for the mechanical equipment and acts as a large lantern for artificial lighting elements.

El sistema de cubierta acodada y trabada reinterpreta la existente, dotándola de lucernarios encarados al norte que alojan, además, los grandes equipos mecánicos necesarios para los laboratorios. La construcción consiste en un sistema de losas de hormigón y columnas, con una cubierta de cerchas de acero en disposición de 2,5 m que permite la entrada de luz natural en los espacios de laboratorios y oficinas situados debajo. El volumen en "V" de la parte superior de los lucernarios proporciona el espacio necesario para los equipos mecánicos y actúa como linterna de grandes dimensiones para los elementos de iluminación artificial.

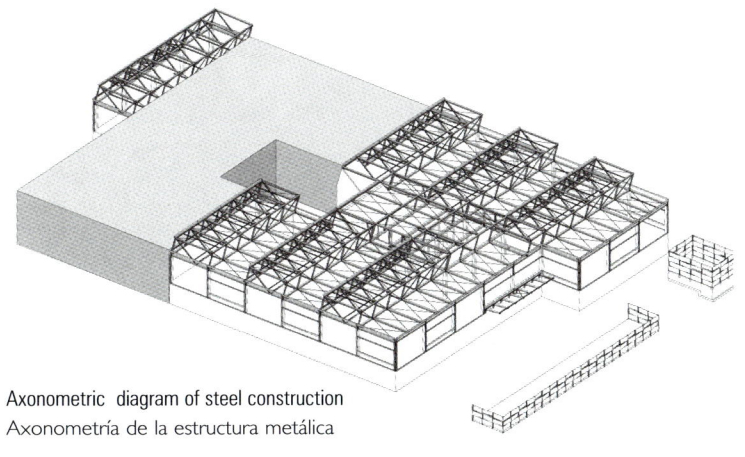

Axonometric diagram of steel construction
Axonometría de la estructura metálica

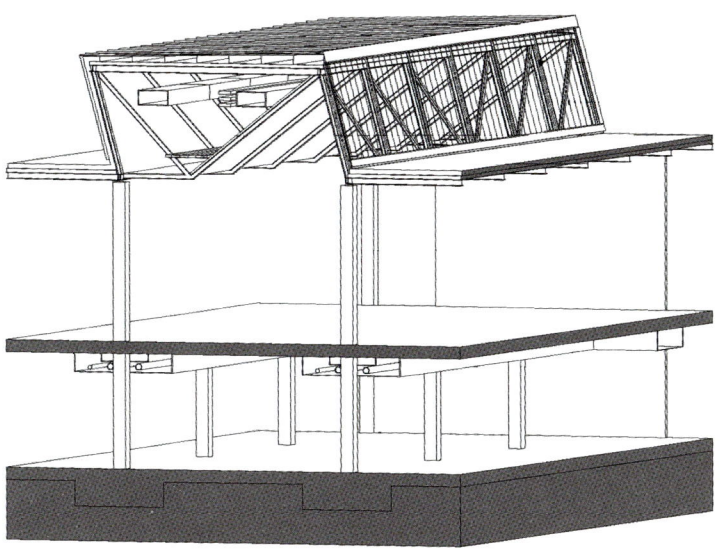

Axonometric construction / Axonometría de la estructura

Barkow Leibinger Architekten. Addition to Haas Laser Factory (Schramberg, Germany)

C. Gradolí, L. Herrero & A. Sanz. Fábrica de equipos Electrónicos Inelcom S. A. (Xàtiva, Valencia)

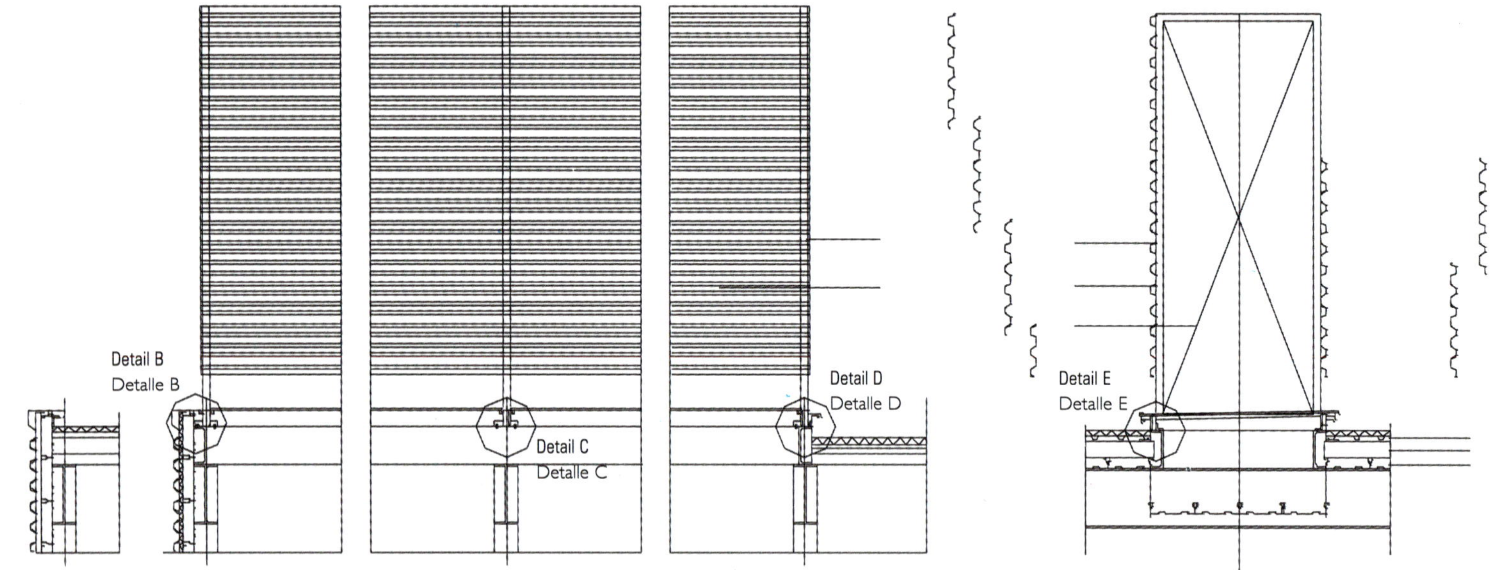

Detail B
Detalle B

Detail D
Detalle D

Detail C
Detalle C

Detail E
Detalle E

Cross section roof
Sección cubierta

Cross section A-A'
Sección A-A'

Cross section B-B'
Sección B-B'

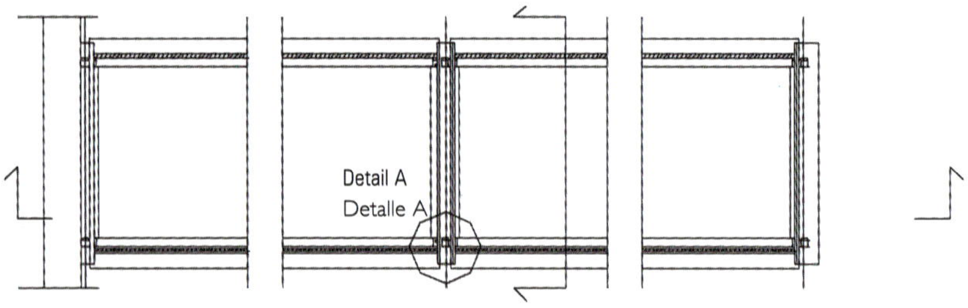

Detail A
Detalle A

Floor plan / Planta

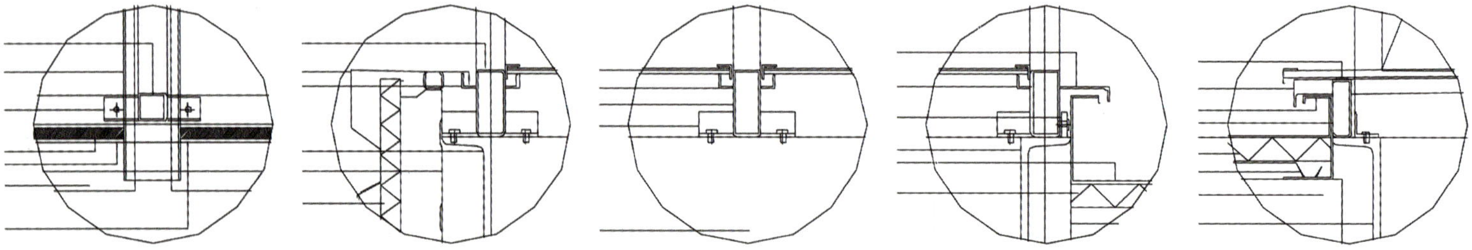

Detail A
Detalle A

Detail B
Detalle B

Detail C
Detalle C

Detail D
Detalle D

Detail E
Detalle E

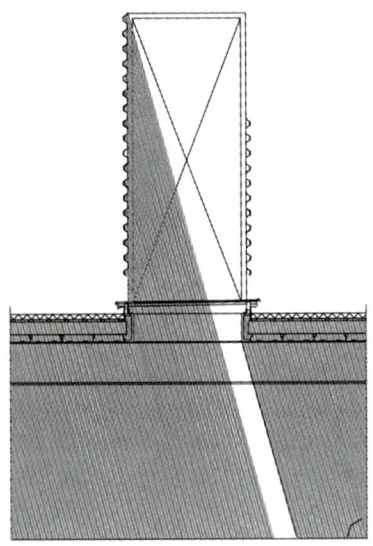

Sunlight study
Estudio de soleamiento

Construction of the vertical openings and the roof is resolved with flat, smooth surfaces resting on the primary structure and freestanding steel panels.

Checks have been executed on the roof-light structures like clean knife strokes, eliminating entire rows of panels. In order to reduce the number of structural supports lintels have been installed in both directions, while the dimensions of the roof-light are balanced in order to provide equal sections in the support beams and in those that are supported.

Los cerramientos verticales y la cubierta se resuelven constructivamente con superficies planas y tersas, que se apoyan sobre la estructura principal mediante bandejas autoportantes de acero.

En el plano de cubierta se ejecutan las hendiduras de los lucemarios como cortes limpios de cuchilla, eliminando líneas enteras de bandejas. Para reducir el número de soportes la estructura se adintela en las dos direcciones, mientras que las dimensiones de los lucemarios se equilibran para resultar secciones iguales en las vigas de apoyo y en las apoyadas.

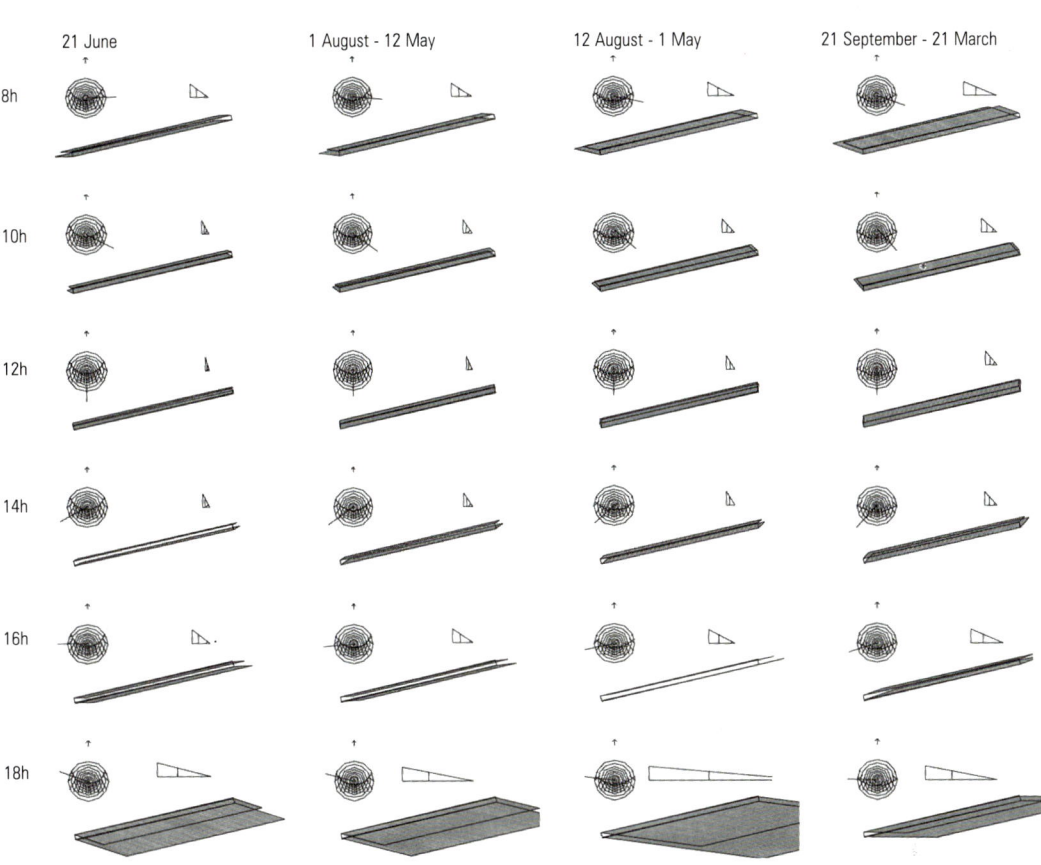

21 June   1 August - 12 May   12 August - 1 May   21 September - 21 March

8h

10h

12h

14h

16h

18h

Sunlight study / Estudio de soleamiento

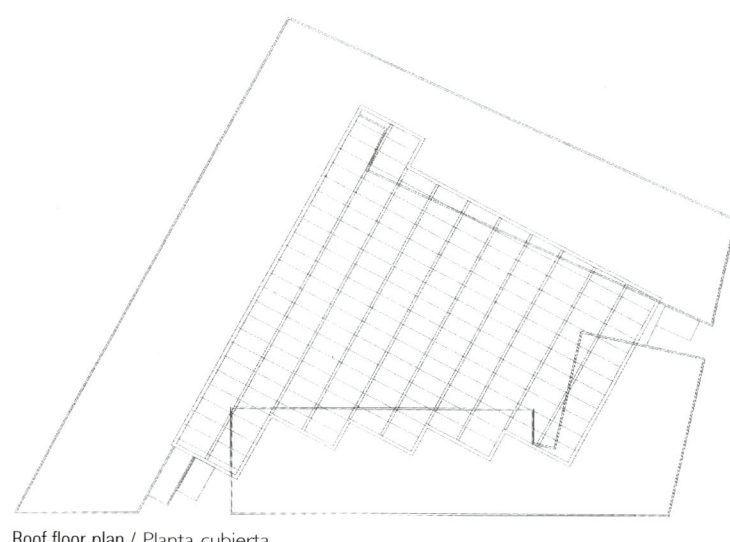

Roof floor plan / Planta cubierta

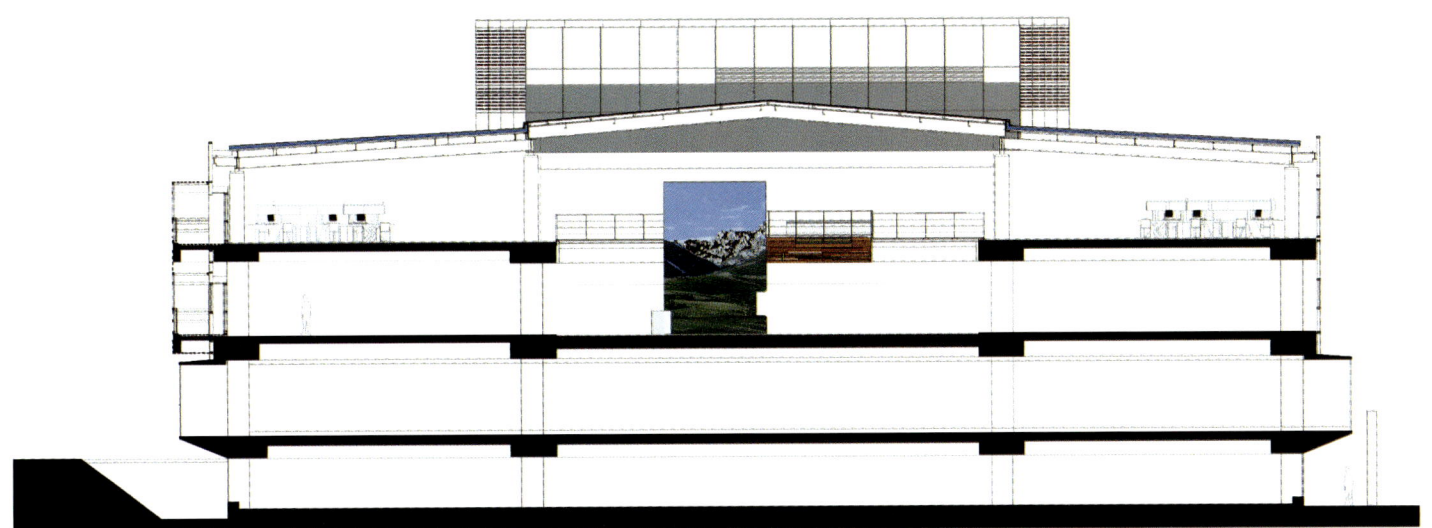

Cross section / Sección transversal

Matthew Priestman Architects. Ted Baker Headquarters Building (UK)

louvers / lamas

In order to achieve a good ventilation or air conditioning system, glazed surfaces, whether on walls or roofs, must be prepared to achieve a balance between the required amount of natural lighting and the solar gain.

When the incident sunlight in a closed space is transformed into heat energy the interior of the building becomes overheated. This phenomenon means that the temperature is higher inside the building than outside.

Louvers provide protection against sunlight and allow climatic control. They can be used to reduce the sunlight on glazed opening surfaces in summer, whereas in winter they capture the energy. They may be horizontal or vertical, fixed or mobile.

Para conseguir un buen sistema de ventilación, o de climatización, se deben adecuar previamente las superficies acristaladas, murales o cenitales, para conseguir un equilibrio entre la iluminación natural aconsejable y las cargas térmicas por radiación solar.

Cuando la radiación solar incidente en un espacio cerrado se transforma en energía térmica se produce sobrecalentamiento en el interior del edificio. Este fenómeno hace que en el interior de un edificio la temperatura sea más elevada que en el exterior.

Así, las lamas son unas protecciones solares que permiten regular el control climático. Las lamas permiten reducir la radiación solar sobre el hueco acristalado en verano mientras que en invierno consiguen captar la energía. También pueden ser de desarrollo horizontal o vertical, fijas o móviles.

The east façade is clad in ready made steel louvers, which can also be employed as the supporting structure for the glass ceiling of the terrace.

La fachada este está revestida de lamas prefabricadas de acero que también pueden ser utilizadas como estructura portante del techo de cristal de la terraza.

Toru Murakami. Residence in Imabari (Imabari, Japan)

The external appearance of the building is dominated by a large lattice supported by an independent metal structure. The outdoor spaces are protected by a louvered roof with its own independent steel structure.

El aspecto exterior de la vivienda está dominado por una gran celosía soportada mediante una estructura metálica independiente. Los espacios abiertos están protegidos por una cubierta de acero laminado.

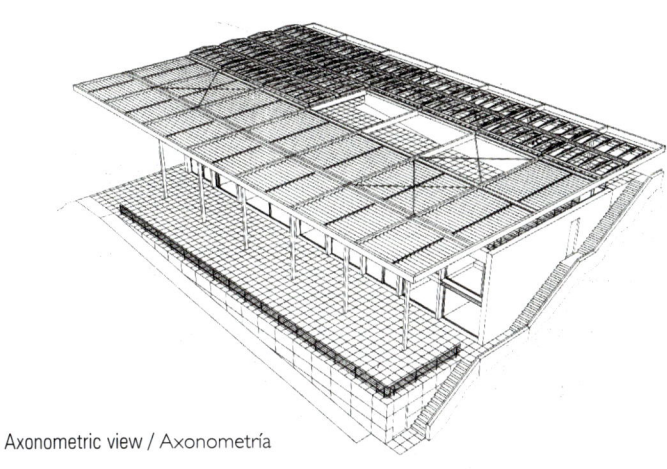

Axonometric view / Axonometría

Norman Foster & Partners. Private House (Germany)

125

Ian Ritchie Architects. Stockley Park Building B8 (London, UK)

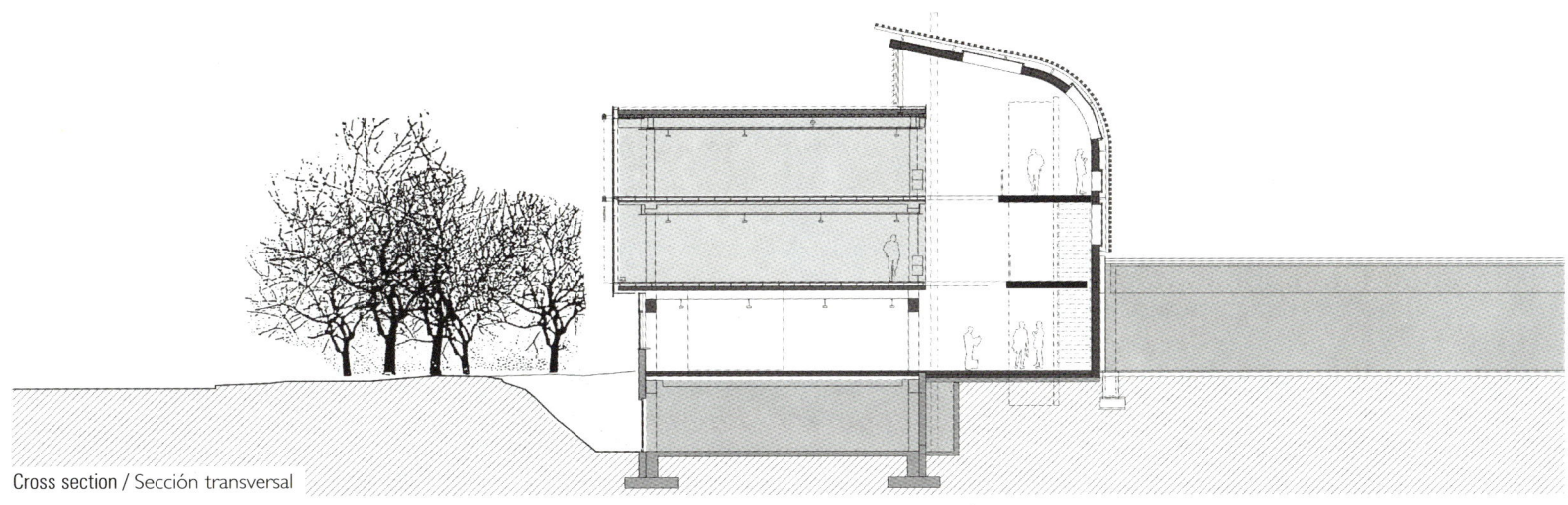

Cross section / Sección transversal

Kauffmann Theilig & Partner. Freie Architekten. BDA (Stuttgart, Germany)

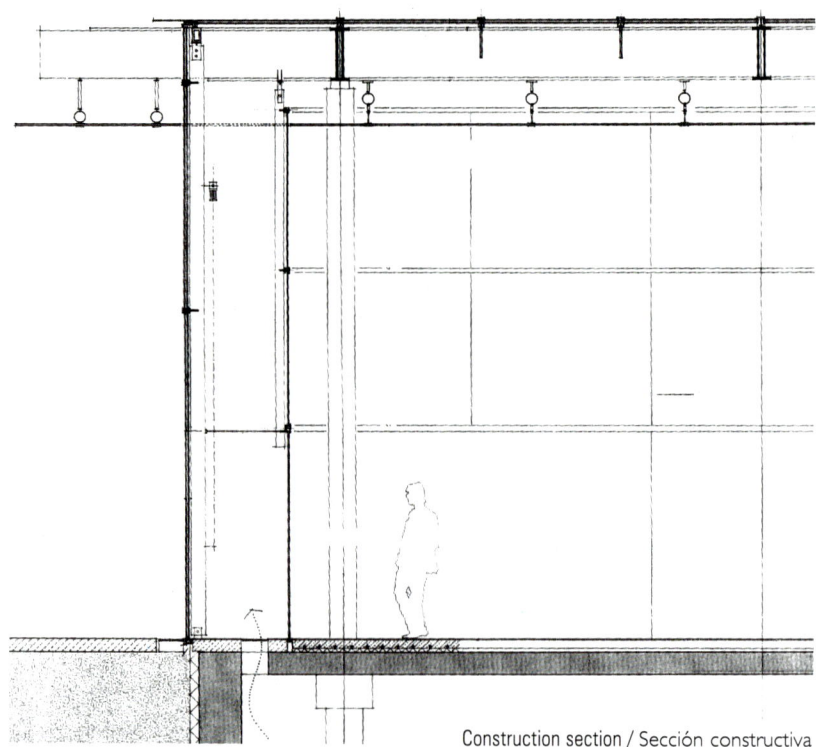

Construction section / Sección constructiva

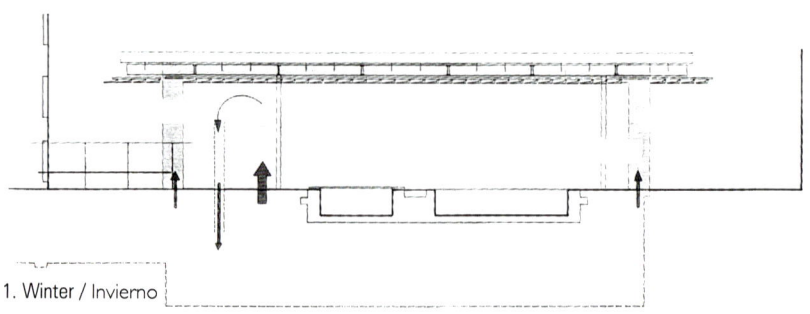

1. Winter / Invierno

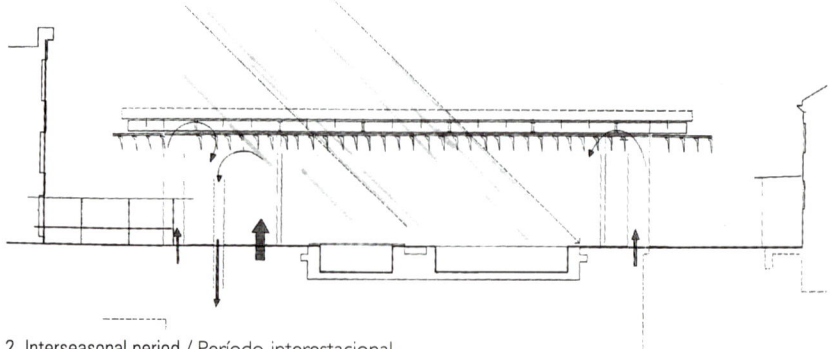

2. Interseasonal period / Período interestacional

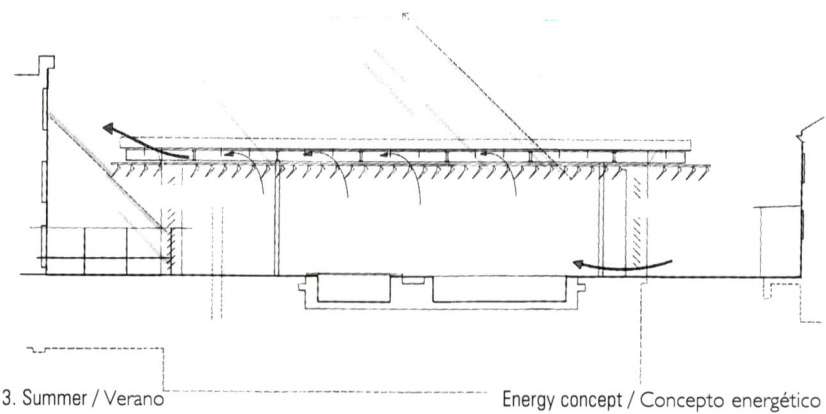

3. Summer / Verano

Energy concept / Concepto energético

The facades and the roofs were made with double leafed glazing, with a space of 1 m between the two layers to isolate the building from temperature changes thanks to the circulation of air between them. This solution also prevents the condensation of air on the glass and frames. The outer layer on the roof is sloped to ensure easy drainage, while the ceiling was placed horizontally and seems to be dissolved in corrugated glass louvers of bright colors. These louvers provide protection from the sun and the heat, and act as a decorative element that gives modern and functional life to the spa. 45% of the surface of the louvers that cover the new bath hall is printed with colored patterns. Placed perpendicular to the sunlight, they optimize the shade in the interior.

Las fachadas y las cubiertas se realizaron con una cristalera doble, dejando un espacio de 1 m entre las dos capas y logrando aislar el edificio de los cambios de temperatura gracias a la circulación de aire entre ellas. Esta solución evita además la condensación de aire en los cristales y perfiles. La capa exterior de la cubierta está inclinada para asegurar un fácil desagüe, mientras que el techo se instaló horizontalmente y parece disolverse en unas lamas de vidrio regulables de vivos colores. Estas lamas, además de proteger del sol y del calor, funcionan como un elemento decorativo que da vida al balneario de una manera moderna y funcional. El 45% de la superficie de las lamas que cubre la nueva sala de baños están impresas con puntos de colores. Colocadas perpendicularmente a los rayos del sol, éstas optimizan el sombreado en el interior.

eaves / aleros

Eaves are the lower edge of the roof, extending beyond the line of the facade. Their purpose is to keep rainwater off the facades and to provide the building with shade for heat control.

Pergolas and overhangs also filter the sunlight to achieve thermal balance and protection from rain. The aim is to ventilate the shade in order to lower the temperature, reduce the moisture and obtain improved comfort.

A transition between the intense light of the exterior and the shade in the interior through the eaves, pergolas and other elements produces a mediation of chiaroscuros in which the interior shade is perceived as a shade surrounded by semi-shades. These semi-shades mark a limit with a considerable thickness and size, a transition between interior and exterior. This is the space that cools the building and eliminates glare, the place where shade invades the openings, where the air currents are oriented to improve the ventilation, and where the rain is kept off the building. Shade is an excellent thermal regulator. Eaves, brise-soleils and vegetation create considerable differences in the internal and external temperature of a dwelling. Eaves are also traditionally used to provide protection from the rain.

En el borde inferior de la cubierta, volando más allá del límite de las fachadas, se disponen los aleros, cuya misión es alejar el agua de lluvia de las fachadas y arrojar sombra sobre el propio edificio para regular el control térmico.

Las pérgolas y voladizos sirven también como filtro solar para conseguir el equilibrio térmico y para proteger de la lluvia. Se busca ventilar la sombra para bajar la temperatura y reducir la humedad para lograr el bienestar

Una transición entre la luz intensa del exterior y la sombra en el interior mediante los aleros, pérgolas y otros elementos produce una intermediación de claroscuros, que hacen que la sombra interior se perciba como una sombra rodeada por semisombras. Estas semisombras son un límite, con un espesor y unas dimensiones considerables, una transición entre dentro y fuera. Es en este espacio donde se refresca el edificio, donde se elimina el deslumbramiento, donde la sombra invade las aberturas, donde la brisa se orienta para mejorar la ventilación, y donde la lluvia se aleja del edificio. La sombra es un regulador térmico por excelencia. Aleros, parasoles y vegetación provocan diferencias considerables en la temperatura interna y externa de una vivienda. Los aleros, además, han sido durante años eficaces protectores de las lluvias.

ARCHITECTUS: Private Residence Auckland (Auckland, New Zealand)

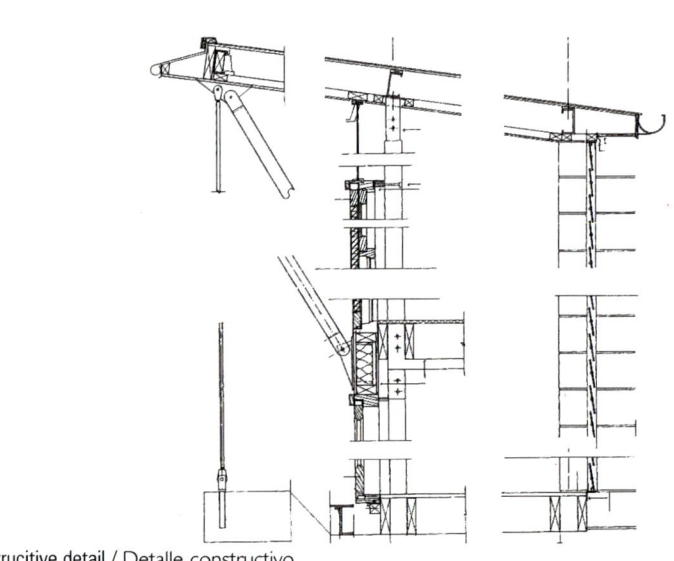

Construcitive detail / Detalle constructivo

The major presence of the continuous roof provides the whole with a closed and clearly defined form. It is thus possible to unify the irregular heights of the units.

La importante presencia de la cubierta continua es la que proporciona al conjunto una forma cerrada y claramente delimitada. Se consigue unificar, de este modo, las irregulares alturas de cada una de las unidades.

Architectuur studio Herman Hertzberger. Housing Complex (Düren, Germany)

The roof is executed as a twin-shell construction featuring a ventilated foil with micro perforations on the inside. This fulfils the requirements of room acoustics and solar shading. The coated foil also acts as a thermal mirror in combination with the floor cooling system. Interior sun shading in the twin-shell glass roof reflects solar radiation and absorbs sound.

La cubierta se ha ejecutado con una construcción de doble estructura que dispone de una lámina de aluminio ventilado con microperforaciones. Con este sistema se cumplen los requisitos de protección acústica y solar. Esta lámina dispone de una capa protectora y actúa también como un espejo térmico al combinarse con el sistema de refrigeración del suelo. El parasol interior situado en la cubierta acristalada de dos capas protege de la radiación solar y absorbe el sonido.

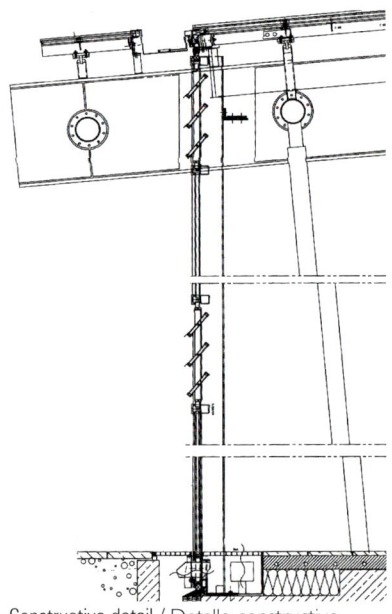

Constructive detail / Detalle constructivo

The deep cantilevered roof can be understood as a symbol for the strategy utilized here of melding nature and architecture. Roof beams are made of a special plastic having variable give for assimilation to changing temperatures, rain and the weight of the snow. Plants, woven among the beams, form a hybrid natural-artificial construction which lends the building an ever-changing appearance in accordance with the passing seasons. Ivy provides for basic green throughout the year between the beams. The leaves of other plants -wild vine, for example- are only visible during the summer months and help to prevent too much sun from penetrating the glass facades.

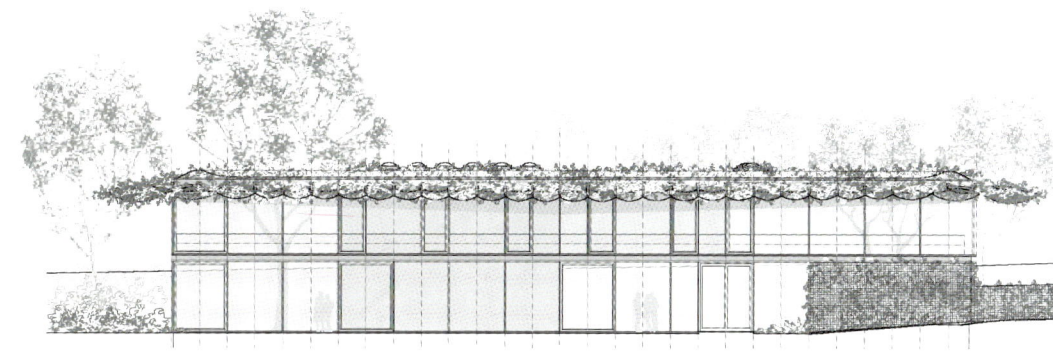

South elevation / Alzado sur

Esta cubierta, con su pronunciado voladizo, puede ser entendida como un símbolo de la estrategia utilizada para fusionar arquitectura y naturaleza. El material empleado para las vigas del techo es un plástico especial que se adapta muy bien a las temperaturas cambiantes, a la lluvia y al peso de la nieve. Las plantas, enroscadas en las vigas, dan al espacio una apariencia, entre natural y artificial, de continua mutación. La hiedra proporciona el color básico a las vigas durante todo el año. Las hojas de otras plantas -como la viña- sólo son visibles durante el verano y evitan la entrada excesiva de sol a través de la fachada de cristal.

The wooden ceiling is supported by thin columns, which makes it seem to float on the interior walls without touching them, thus creating spatial continuity. The sloping roof responds to the demands of the urban regulations. Its northern aspect was used to extend it toward the exterior by means of a wooden pergola, thus creating a sun filter with views of the lake. The floor is also extended toward the courtyard, and its intersection with the pergola forms the inhabited space.

El techo es de madera y se sustenta por medio de delgadas columnas por lo que parece flotar sobre los muros interiores sin tocarlos, consiguiendo con esto una continuidad espacial. El plano inclinado de la cubierta responde a las exigencias de las regulaciones urbanas, y su orientación al norte permite que se abra hacia la vista del lago y que se prolongue hacia el exterior por medio de una pérgola, sirviendo como filtro solar. Esta pérgola de madera extiende el plano hacia el exterior, del mismo modo que el suelo se prolonga hacia el patio, logrando con esto que la intersección entre ambos planos sea el espacio habitado.

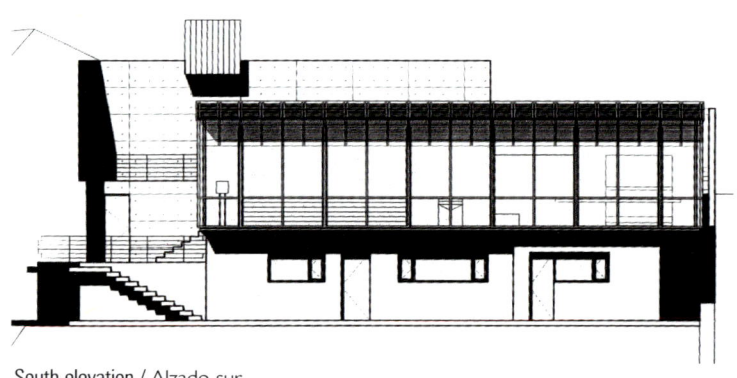

South elevation / Alzado sur

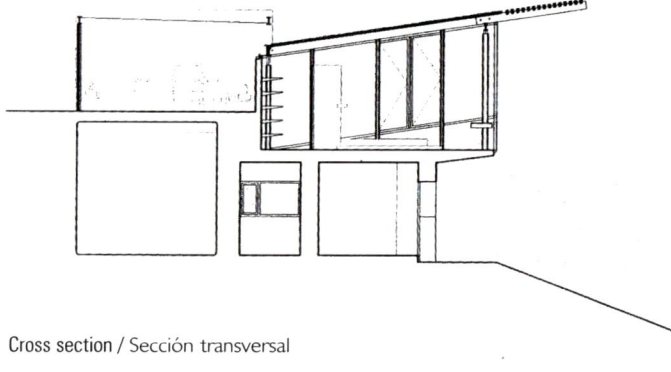

Cross section / Sección transversal

TEN Arquitectos, Casa IA (Valle Bravo, Mexico)

The slightly sloping metal roof floats above the two blocks and contains solar panels for conditioning.

La cubierta, en un plano metálico ligeramente inclinado, flota por encima de los dos volúmenes y está acondicionada para la instalación de paneles de captación solar.

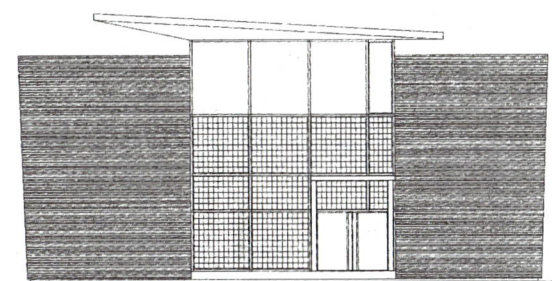

North elevation / Alzado norte

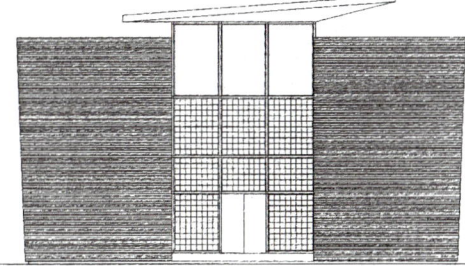

South elevation / Alzado sur

Arnaldo Basadonna. Centre d'Atenció Primària (Torredembarra, Spain)

vents and chimneys / *sombreretes y chimeneas*

The purpose of ventilation is to renew the air in a closed space by replacing the carbon dioxide and other gases with clean air. This renewal of the air may be natural or artificial. Natural ventilation is provided through slats, flues, windows, wind vents and aerodynamic vents. There are also electrical mechanisms that accelerate the process of air extraction, such as small ventilators or sophisticated mechanisms with filters.

With wind vents the air is expelled through a circular pipe of galvanized steel whose diameter is calculated according to the need for air renewal in the premises: the greater the volume of the premises, the larger the number and size of extractors that will be needed. This mechanism operates with little wind, because thanks to its blades and roller bearings, it can rotate and rapidly expel the stale air. The diameters used are 100, 150 and 200 mm for dwellings, and 400 and 600 mm for industry.

Aerodynamic vents formed by three superimposed homogenous pieces, a cap and a wedge facilitate the extraction of air. They are made in concrete, with sizes ranging from 24 x 24 cm to 68 x 78 cm, or in galvanized steel, with diameters of 10, 20, 30 and 60 mm. They are generally used for bathrooms and kitchens.

La función de la ventilación es renovar el aire existente en un local cerrado sustituyendo el anhídrido carbónico y otros gases por aire limpio. Esta renovación del aire puede ser natural o artificial. La ventilación natural se realiza mediante rendijas, chimeneas, ventanas y, como colaboradores, se utilizan los sombreretes eólicos y aerodinámicos. También existen mecanismos eléctricos que aceleran el proceso de extracción de aire, como pueden ser pequeños ventiladores o sofisticados mecanismos con filtros. En los extractores eólicos la salida de aire se realiza a través de un conducto circular de chapa galvanizada, cuyo diámetro viene dimensionado por el cálculo de renovación del aire del local: a mayor volumen del local, mayor cantidad y tamaño de extractores a colocar. Este mecanismo funciona con un poco de aire, ya que gracias a sus aletas y eje sobre rodamientos, puede girar y expulsar rápidamente el aire viciado. Su diámetro puede ser de 100, 150 y 200 mm para viviendas, y de 400 y 600 mm para la industria. Los sombreretes aerodinámicos están formados por tres piezas iguales, una cabeza y una cuña que superpuestas aceleran la salida del aire. Se fabrican en hormigón, con tamaños que van desde 24 × 24 cm hasta 68 × 78 cm, o en chapa galvanizada, con diámetros de 10, 20, 30 y 60 mm. Generalmente, suelen utilizarse para baños y cocinas.

Types of vent / Tipos de sombreretes

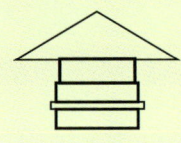 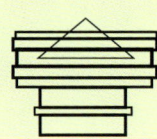 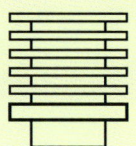 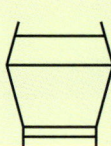 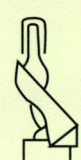 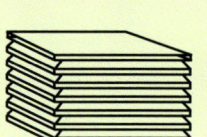

The chimney is a heating system that has been used for centuries and still forms an important part of many heating installations. They should have no obstructions on the roof close to them. The flue must be at least 20 x 20 cm if it is rectangular and 25 cm in diameter if it is cylindrical. The chimney must rise one metre above the highest part of the roof. It must be placed on the roof so that downward air currents do not prevent a good draft.

La chimenea como medio de calefacción se utiliza desde hace siglos. En la actualidad todavía se utiliza la chimenea como complemento de las instalaciones. No debe haber obstáculos cerca del tope del cañón de humo. El conducto de humo debe ser como mínimo de 20 × 20 cm si es rectangular y 25 cm de diámetro si es cilíndrico. El cañón de humo debe sobresalir un metro de la parte más alta de la cubierta. El cañón de humo debe disponerse sobre las cubiertas de manera que las corrientes de aire descendentes no entorpezcan el buen tiro.

Types of chimney / Tipos de chimeneas

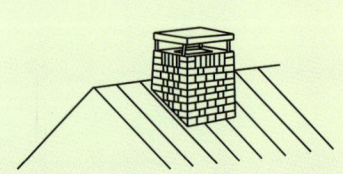 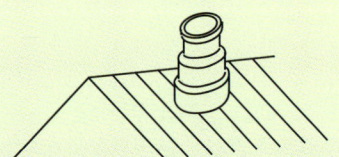 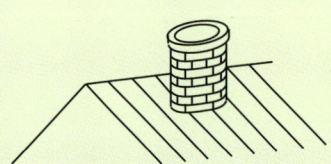 

Herrmann & Bosch. Collegienhaus (Marbach am Neckar, Germany)

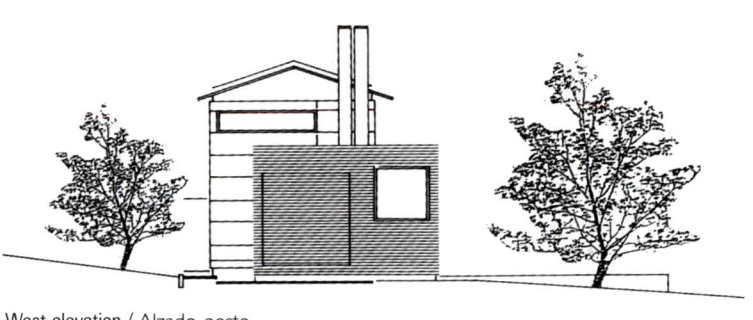

West elevation / Alzado oeste

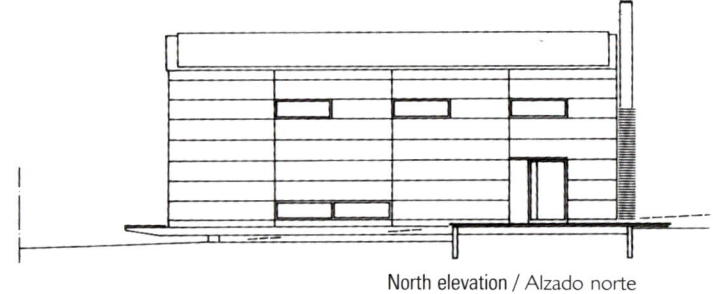

North elevation / Alzado norte

Eligio Novello Arch EPFL. House Troesch-Tschan (Epalinges, Switzerland)

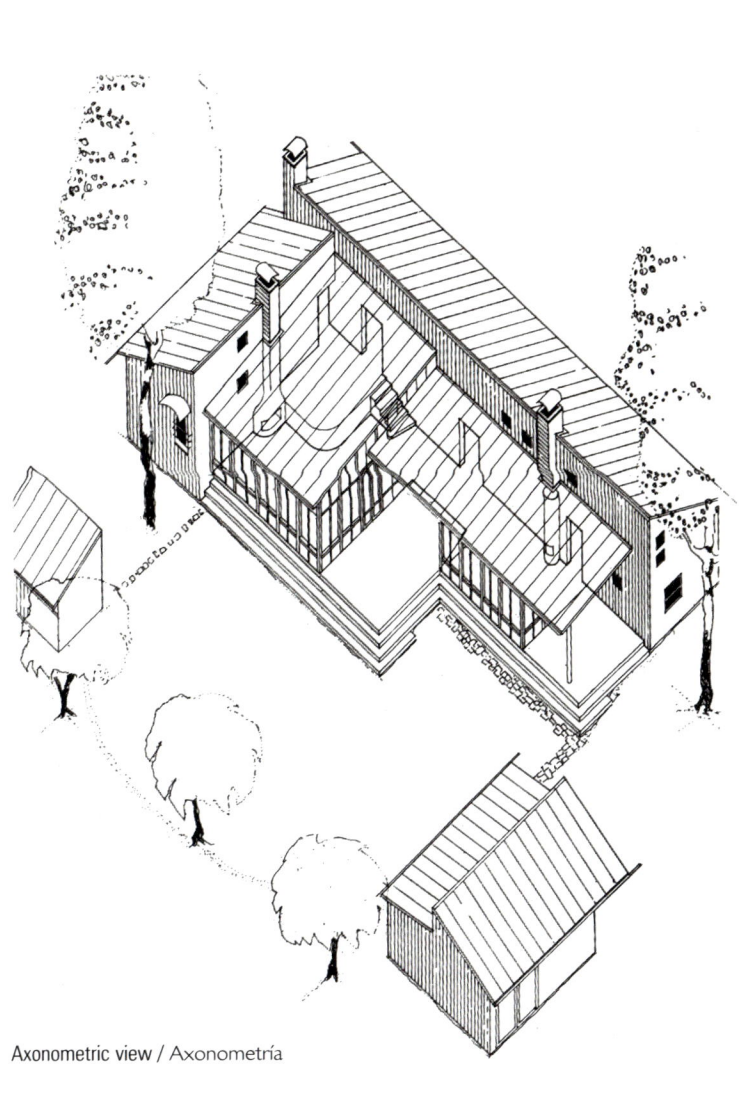

Axonometric view / Axonometría

Except for a few steel columns the house is constructed of wood and has a sheet metal roof.

La casa está construida en madera en su totalidad, exceptuando unos pocos pilares de acero y el tejado que es de chapa.

Göran Westman GWSK Arkitekter. Nyström House (Täby, Sweden)

Longitudinal section / Sección longitudinal

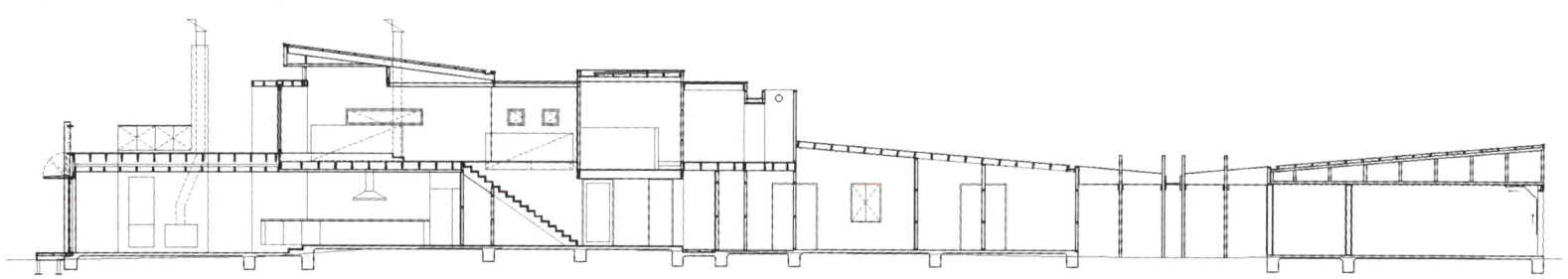

Jackson Clements Burrows Pty Ltd Architects. Riverside Terrace (Victoria, Australia)

East elevation / Alzado este

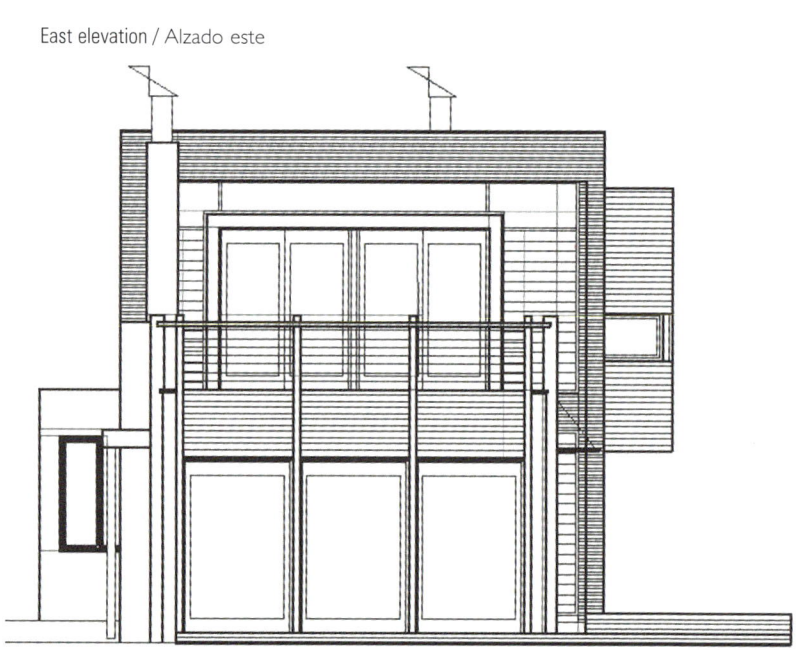

140

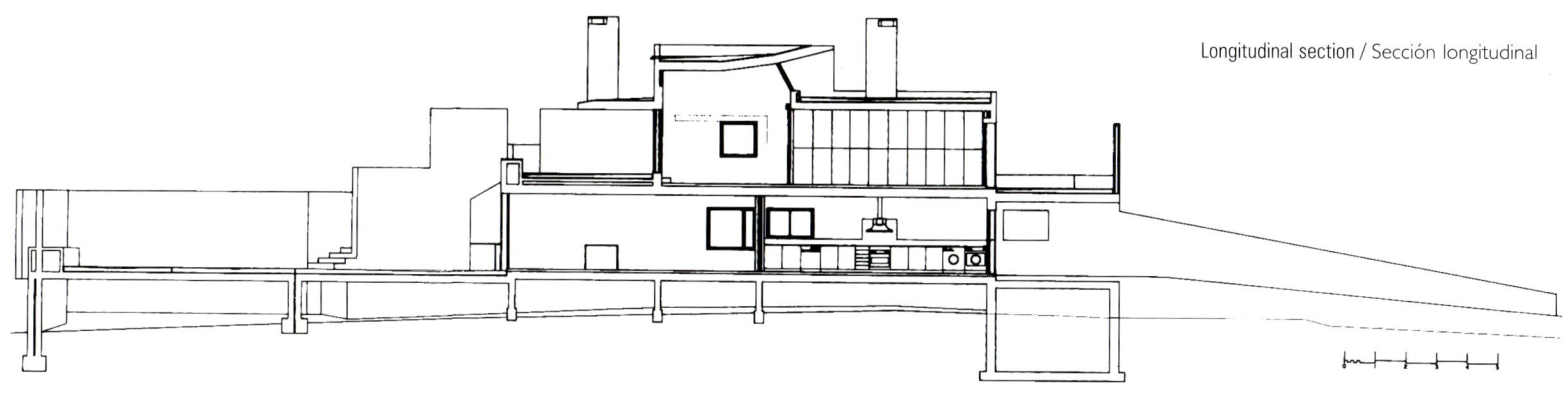

Longitudinal section / Sección longitudinal

Cross section / Sección transversal

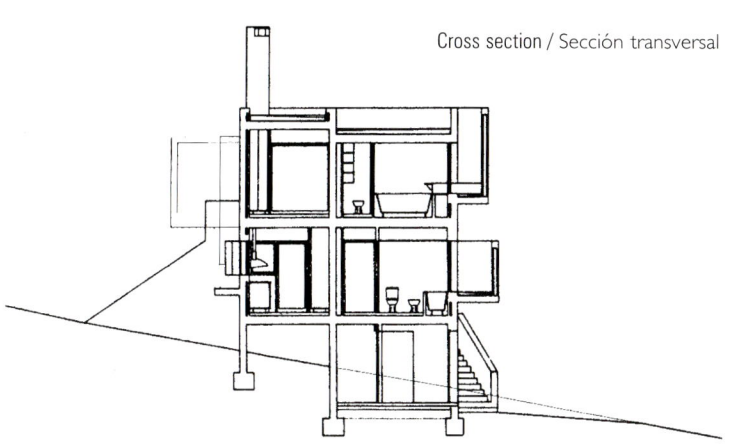

José Antonio Martínez Lapeña & Elías Torres. House Vicenç Marí (Ibiza, Spain)

Solar energy is radiant energy produced by the sun as a result of nuclear reactions of fusion that reach the Earth through space. It is therefore a low-concentration form of energy. The main system for collecting heat energy consists of flat plate collector panels that intercept the solar radiation and transmit it to the working fluid. Flat-plate collectors have transparent cover to minimize heat loss from the collector panel and thus maximize efficiency. Flat-plate collectors are used efficiently for hot water and heating. Typical systems use fixed collectors mounted on the roof.

In the northern hemisphere they face south and in the southern hemisphere they face north. The right angle of inclination depends on the latitude. In general, for systems used throughout the year, such as those producing hot water, the collectors are placed at an angle equal to the latitude.

Many systems are now connected to the electricity network and integrated in the roofs of buildings. They aim to take full advantage of the architectural possibilities of the roofs to install photovoltaic collectors and reduce the need for external energy. The main element of photovoltaic installations is the solar panel, and their main advantage is that the energy generated not used for the consumption of the building is sent to the network.

La energía solar es la energía radiante producida por el Sol como resultado de reacciones nucleares de fusión que llegan a la Tierra a través del espacio. Así, la radiación solar es una forma de energía de baja concentración. Para recoger la energía calorífica se utilizan básicamente colectores de placa plana que interceptan la radiación solar en una placa de absorción por la que pasa el fluido portador. Los colectores de placa plana tienen placas cobertoras transparentes para minimizar las pérdidas de calor de la placa de absorción y así maximizar la eficiencia. Los colectores de placa plana se usan de forma eficaz para calentar agua y para calefacción. Los sistemas típicos utilizan colectores fijos, montados sobre la cubierta.

En el hemisferio norte se orientan hacia el Sur y en el hemisferio sur hacia el Norte. El ángulo de inclinación adecuado depende de la latitud. En general, para sistemas que se usan durante todo el año, como los que producen agua caliente, los colectores se inclinan (respecto al plano horizontal) un ángulo igual a los 15° de latitud y se orientan unos 20° latitud S o 20° de latitud N. En la actualidad, se ha producido un fuerte desarrollo de los sistemas conectados a la red eléctrica e integrados en las cubiertas de los edificios. El objetivo de estas instalaciones es aprovechar las posibilidades arquitectónicas que las cubiertas ofrecen para instalar captadores fotovoltaicos y reducir las necesidades eléctricas exteriores. El principal elemento de una instalación fotovoltaica son las placas solares. Estas instalaciones se pueden considerar pequeñas centrales fotovoltaicas con la particularidad de que una parte de la energía generada se invierte en autoconsumo del edificio y la parte excedente se envía a la red.

Duinker, van der Torre. Nieuw Sloten (Amsterdam, The Netherlands)

The roofs of a large part of the residential complex have been used to install a solar energy system through which it is possible to reduce energy consumption to a minimum.

Las cubiertas de gran parte del complejo residencial se han aprovechado para colocar un sistema de captación de energía solar a través del cual es posible reducir al mínimo el consumo de energía.

North elevation / Alzado norte

Behnisch & Partner. Charlotte House (Sillenbuch, Germany)

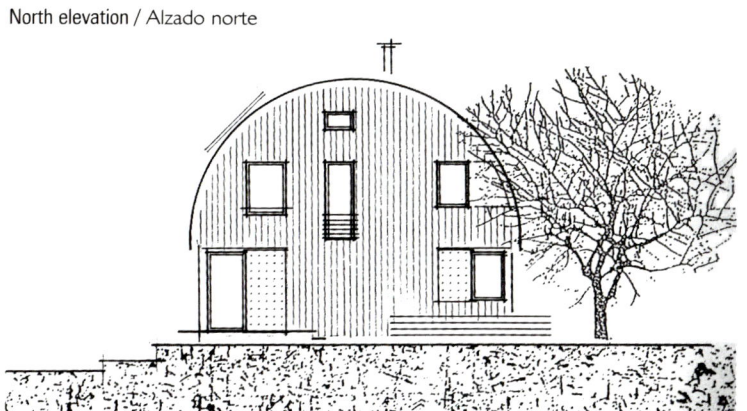

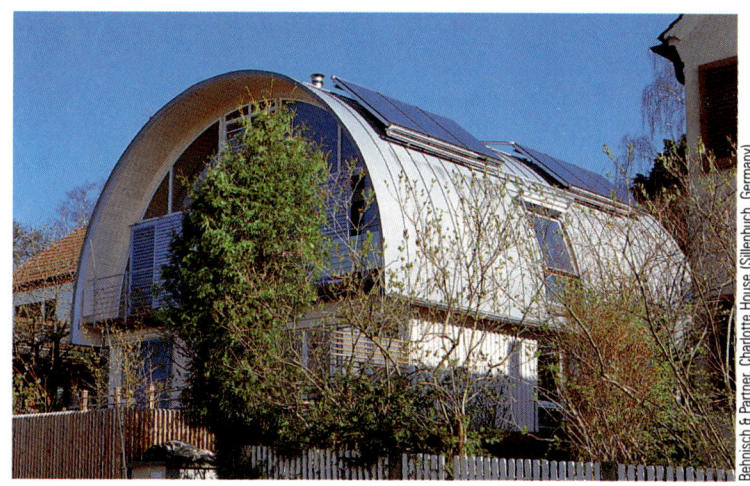

The most outstanding feature of the design is the vaulted roof, which provides a large inhabitable space and differentiates the building from its typological environment of dwellings with peaked roofs. The metal roof cladding supports a battery of solar panels.

El diseño tiene su máximo atractivo en la gran cubierta abovedada: permite liberar un mayor espacio habitable y diferencia el edificio respecto a su entorno tipológico constituido de viviendas con tejados a dos vertientes. La chapa soporta una batería de placas de energía solar.

South elevation / Alzado sur

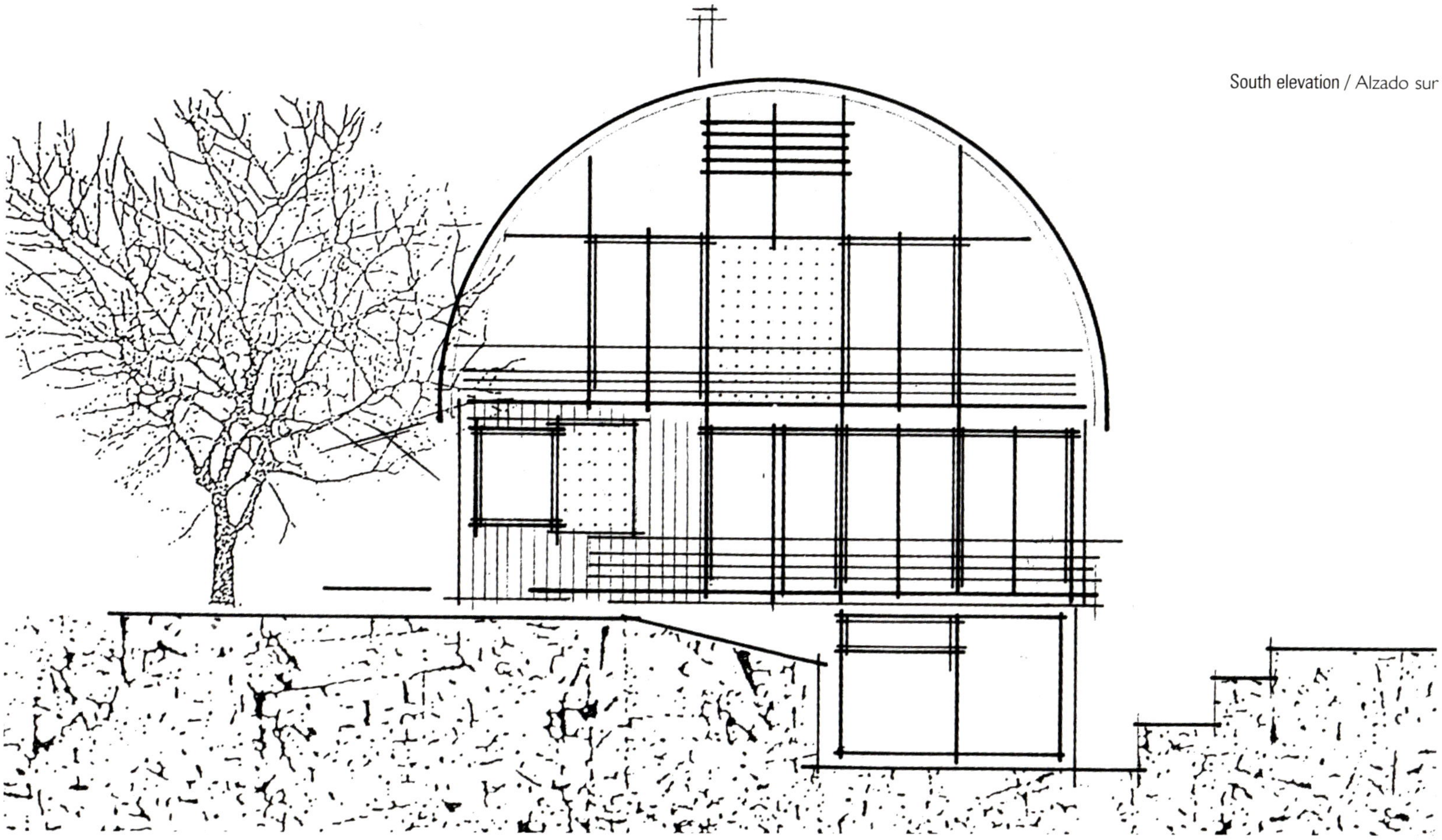

144

As a model energy concept for the town, a solar energy system was incorporated into the scheme. It provides hot water and also supports the heating. In order to integrate the collectors into the south-west-facing roof slopes, the roofs were covered with corrugated perspex sheet.

Como modelo de ahorro energético ante el resto de la ciudad se ha incorporado un sistema de energía solar que provee al centro de agua caliente y calefacción. Con el objeto de integrar los colectores de este mecanismo en las piezas de la cubierta que dan al sureste, los tejados han sido revestidos en su totalidad con planchas de perspex corrugado.

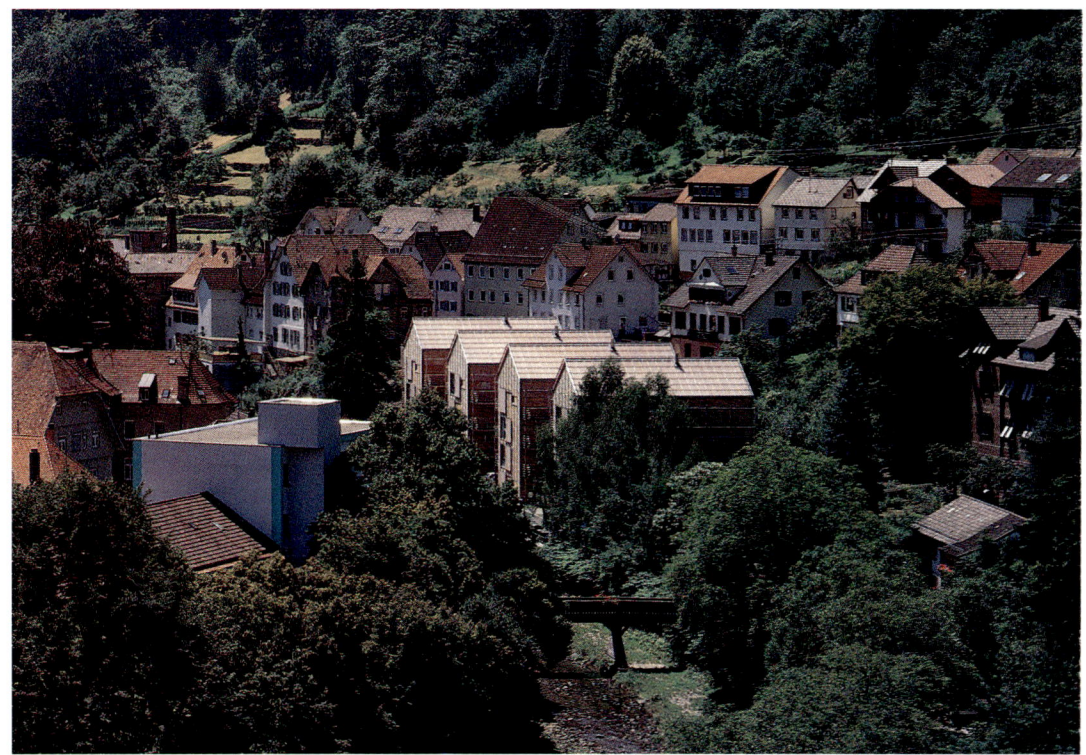

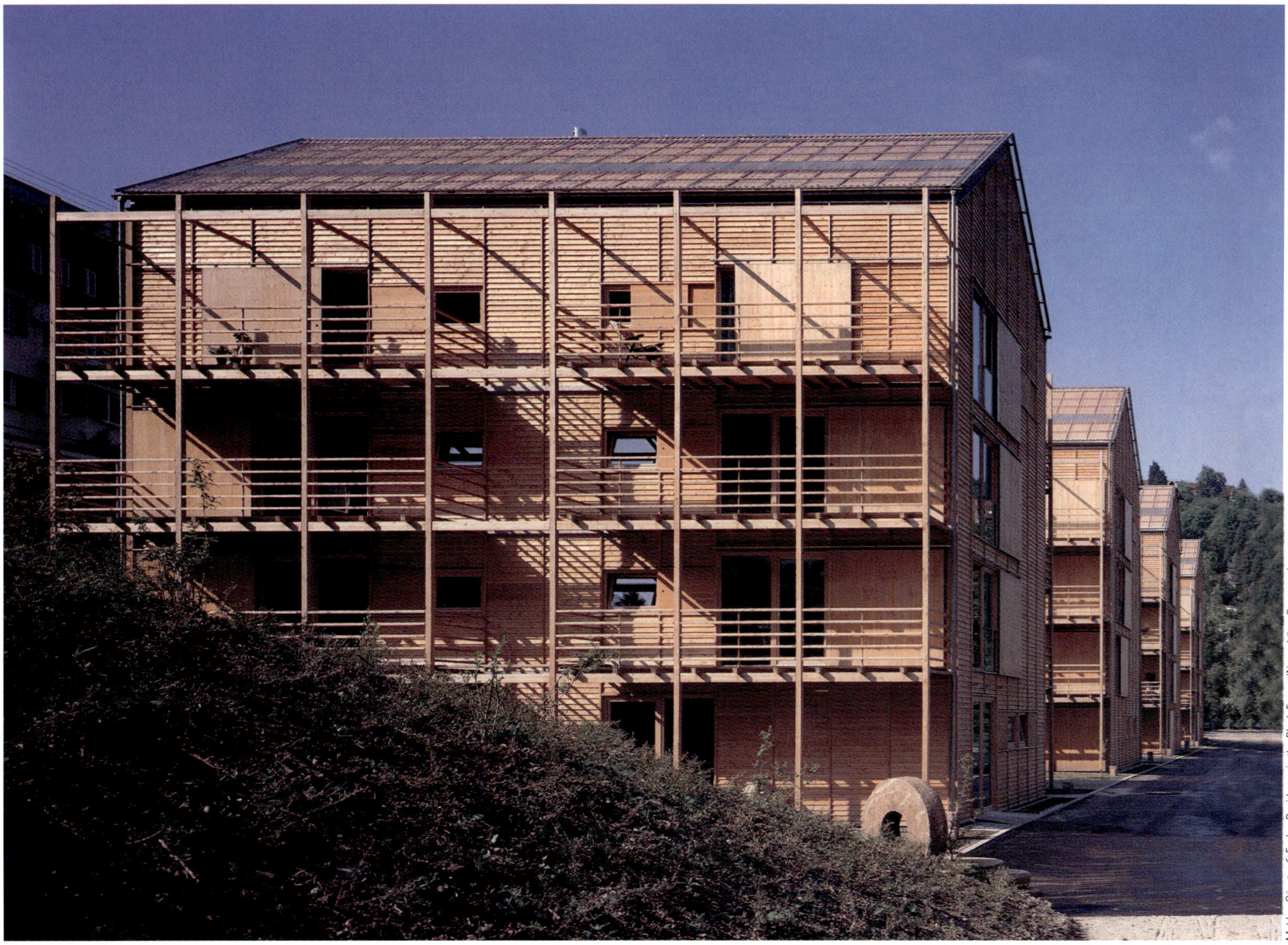

Mahler, Günster & Fuchs. Residence in the Black Forest (Neuenbürg, Germany)

SWECO FFNS Arkitekter, Bo01 Tango Building (Malmö, Sweden)

147

gutters and drains / *canalones y sumideros*

In pitched roofs the rainwater runs off and is collected by gutters and drainpipes. On flat roofs the water is collected by drains that channel the water to the exterior of the building.

External gutters for pitched roofs can be made of several materials. Hanging gutters have a semicircular or rectangular section and are suspended on the edge of the eave, whereas box gutters are supported and are concealed by the eave. The section and diameter of the gutter depend on the size of the roof surface and the distance between the drainpipcs.

For flat roofs, each slope must have at least two drains. The waterproofing layer must extend to the entrance to the drain. Vertical roof drains are preferable, because horizontal ones become easily clogged. The drains may be made of plastic or cast iron.

En las cubiertas inclinadas la pendiente de los faldones expulsa el agua de lluvia, y mediante canalones se canaliza y evacua por puntos específicos. En las cubiertas planas el agua se recolecta a través de sumideros que conducen el agua al exterior del edificio.

Los canalones exteriores para cubiertas inclinadas pueden fabricarse de diversos materiales. Se diferencian los canalones de sección semicircular o rectangular, que van suspendidos en el borde del alero, y los de caja, que van apoyados, sean vistos o no. La sección y el perímetro del canalón dependen de la superficie de la edificación y de las distancias entre los bajantes.

En las cubiertas planas, cada vertiente debe tener un mínimo de dos sumideros para garantizar su desagüe. La lámina impermeabilizante debe llevarse hasta la entrada del sumidero. Son preferibles los sumideros de salida vertical a los de salida horizontal, ya que estos últimos pueden ensuciarse más fácilmente. Los sumideros se pueden fabricar con plásticos o con hierro colado.

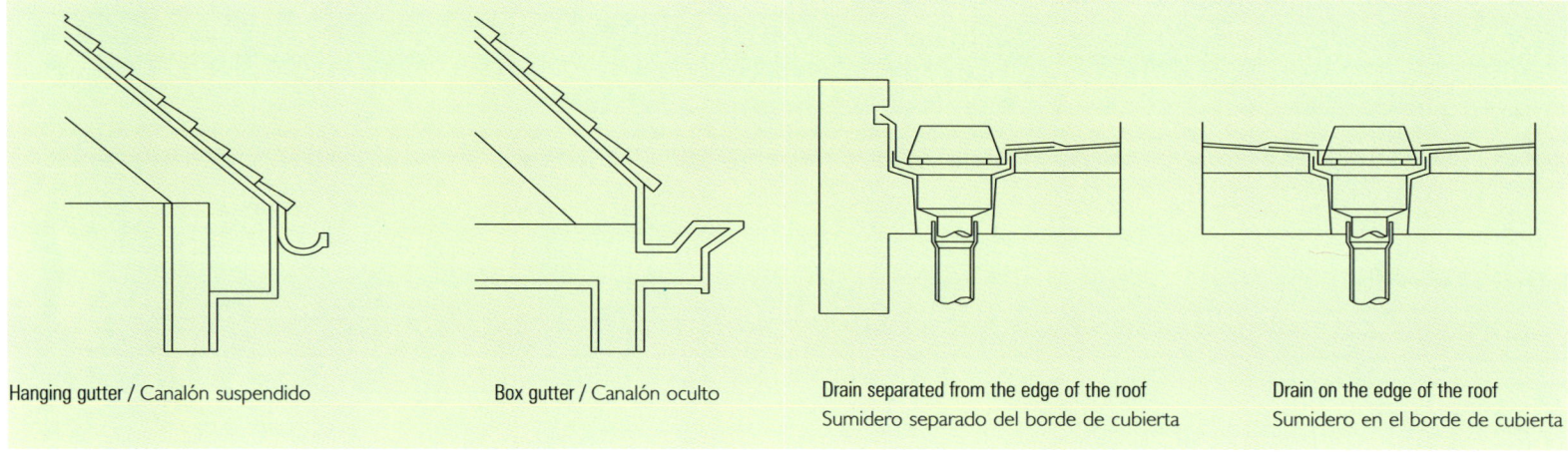

Hanging gutter / Canalón suspendido

Box gutter / Canalón oculto

Drain separated from the edge of the roof
Sumidero separado del borde de cubierta

Drain on the edge of the roof
Sumidero en el borde de cubierta

Antonio Besso-Marcheis. Case in cooperativa (Torino, Italy)

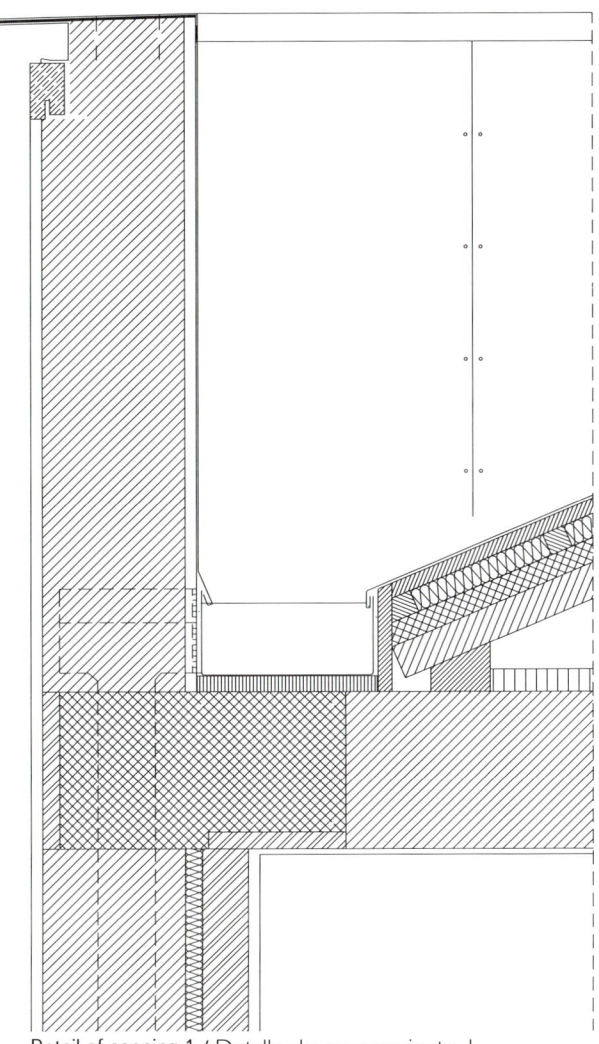

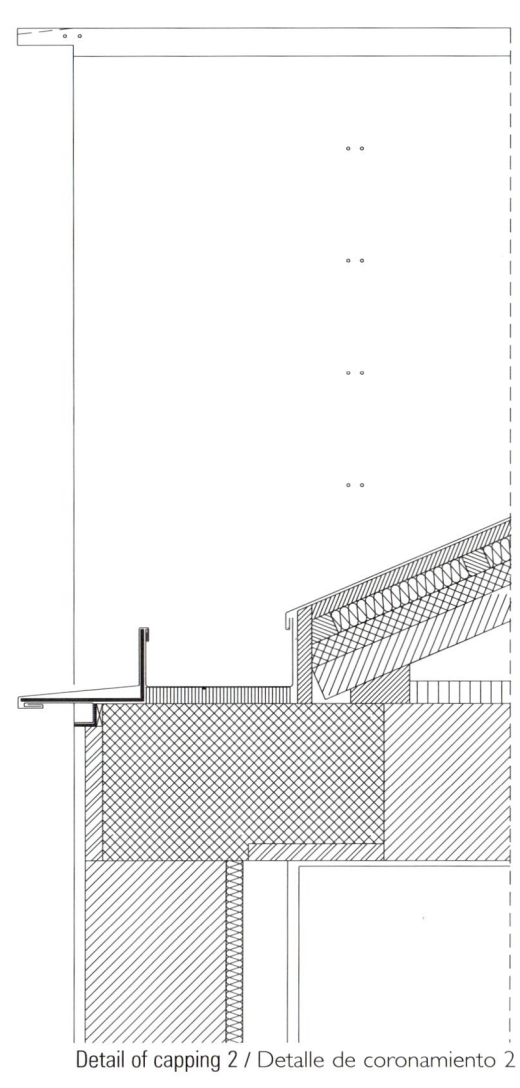

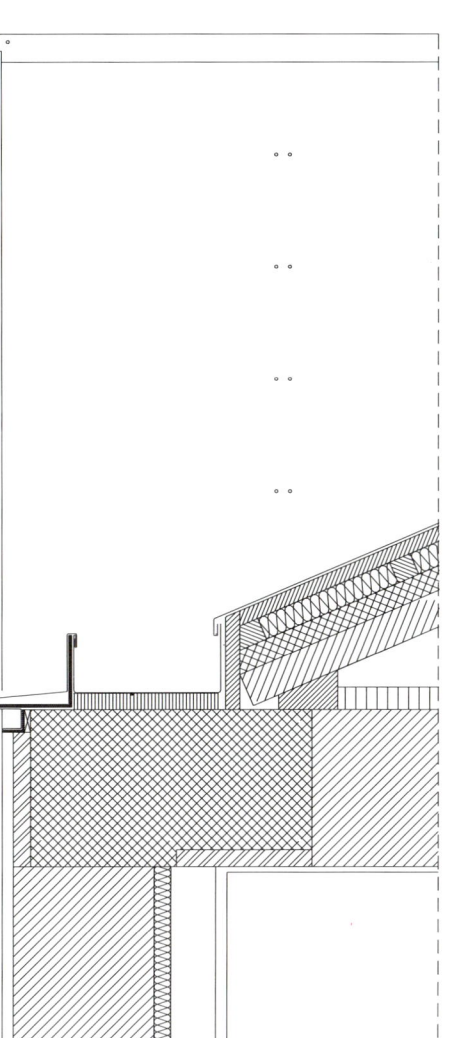

Detail of capping 1 / Detalle de coronamiento 1

Detail of capping 2 / Detalle de coronamiento 2

Cino Zucchi, House "D" (Giudecca Island, Venice, Italy)

149

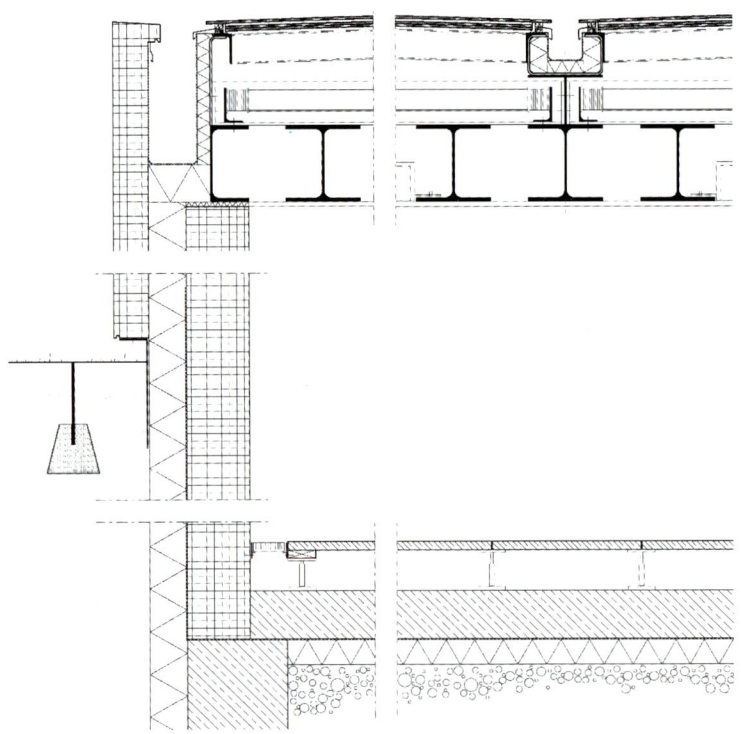

Construction detail / Detalle constructivo

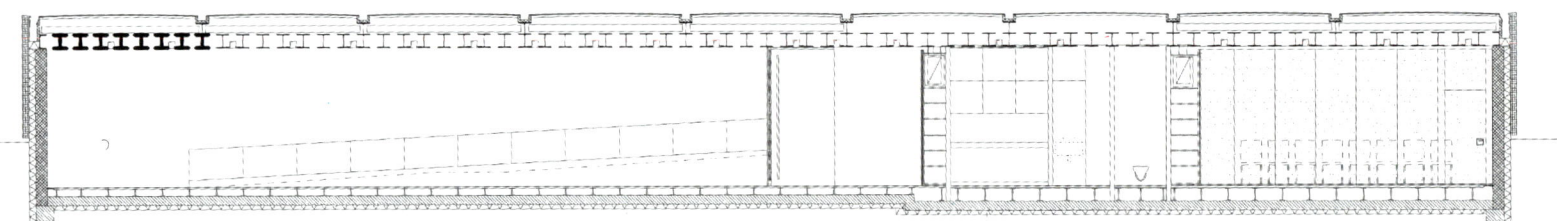

Longitudinal section / Sección longitudinal

Schneider + Schumacher. Memorial "Soviet Special Camp Nr.7/Nr.I. in Sachsenhausen" (Sachsenhausen, Germany)

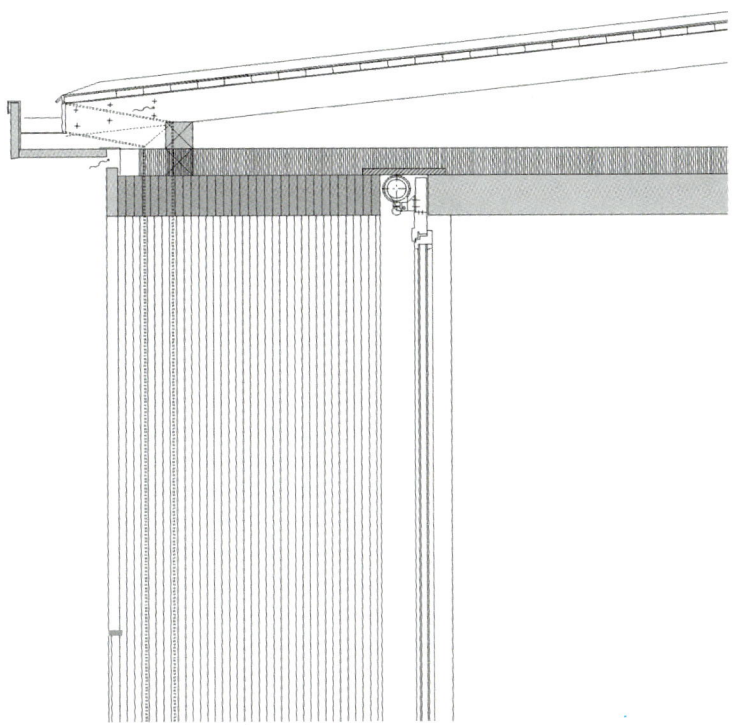

Construction detail / Detalle constructivo

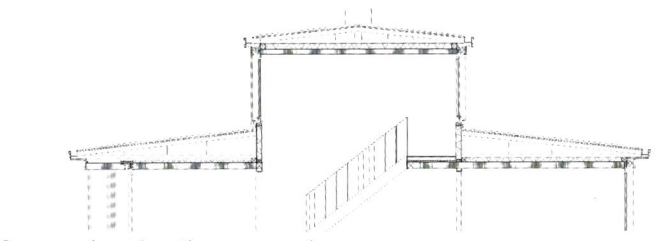

Cross section / Sección transversal

Proplaning Architekten. Obere Widen (Arlesheim, Switzerland)

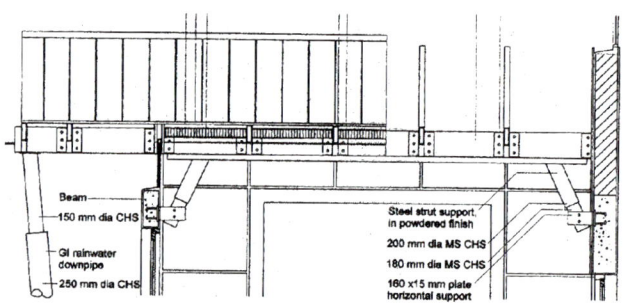

Longitudinal section through butterfly roof

Sección longitudinal a través de cubierta en "V"

Beam
150 mm dia CHS
GI rainwater downpipe
250 mm dia CHS
Steel strut support in powdered finish
200 mm dia MS CHS
180 mm dia MS CHS
160 x15 mm plate horizontal support

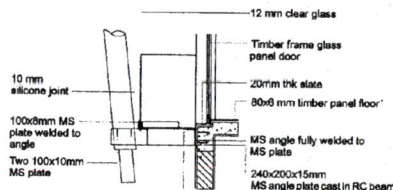

12 mm clear glass
Timber frame glass panel door
10 mm silicone joint
20mm thk slate
80x6 mm timber panel floor
100x8mm MS plate welded to angle
MS angle fully welded to MS plate
Two 100x10mm MS plate
240x200x15mm MS angle plate cast in RC beam

Balcony section / Sección del balcón

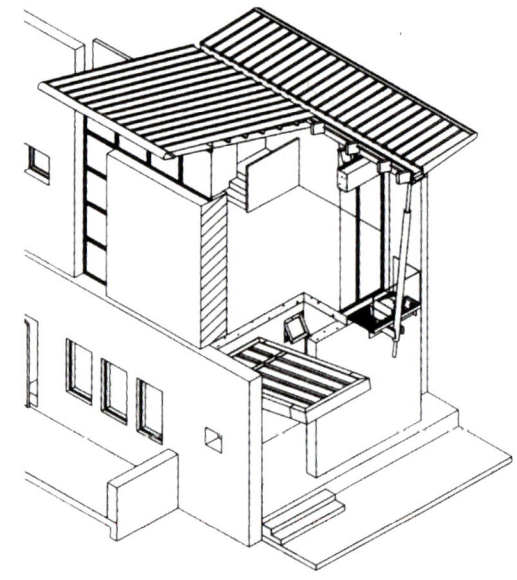

Axonometric view / Axonometría

Bedmar & Shi. Residence 8 (Singapore)

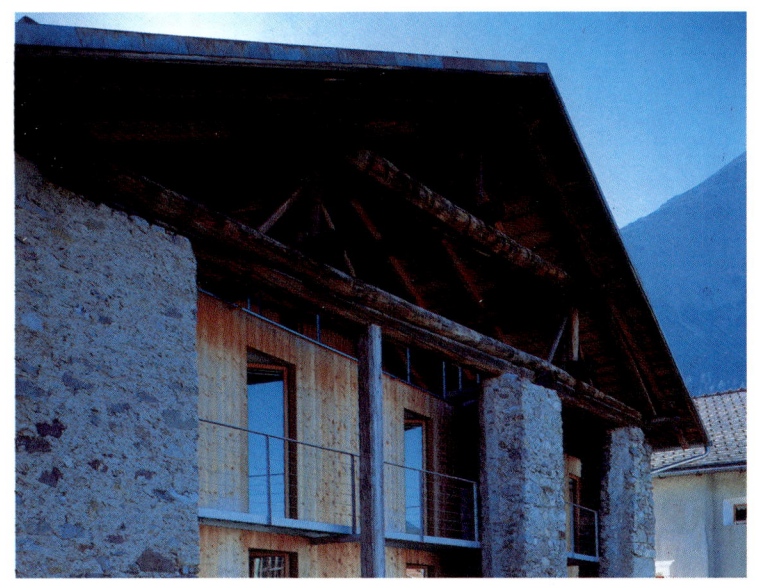

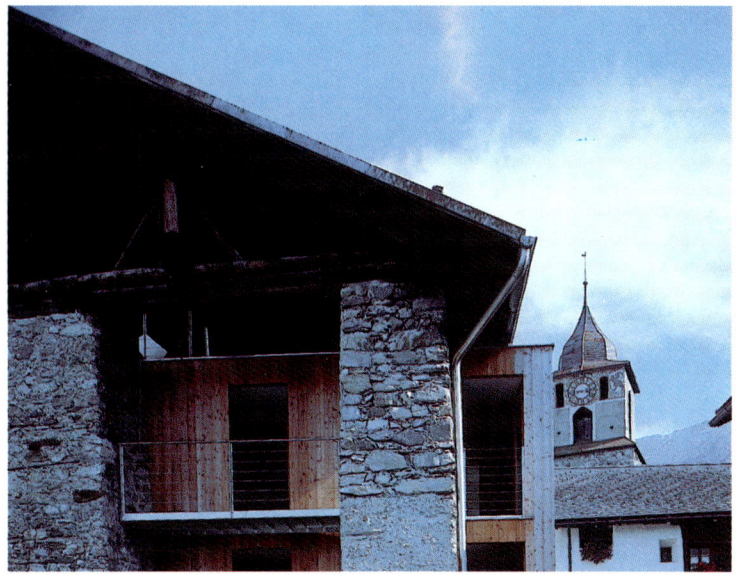

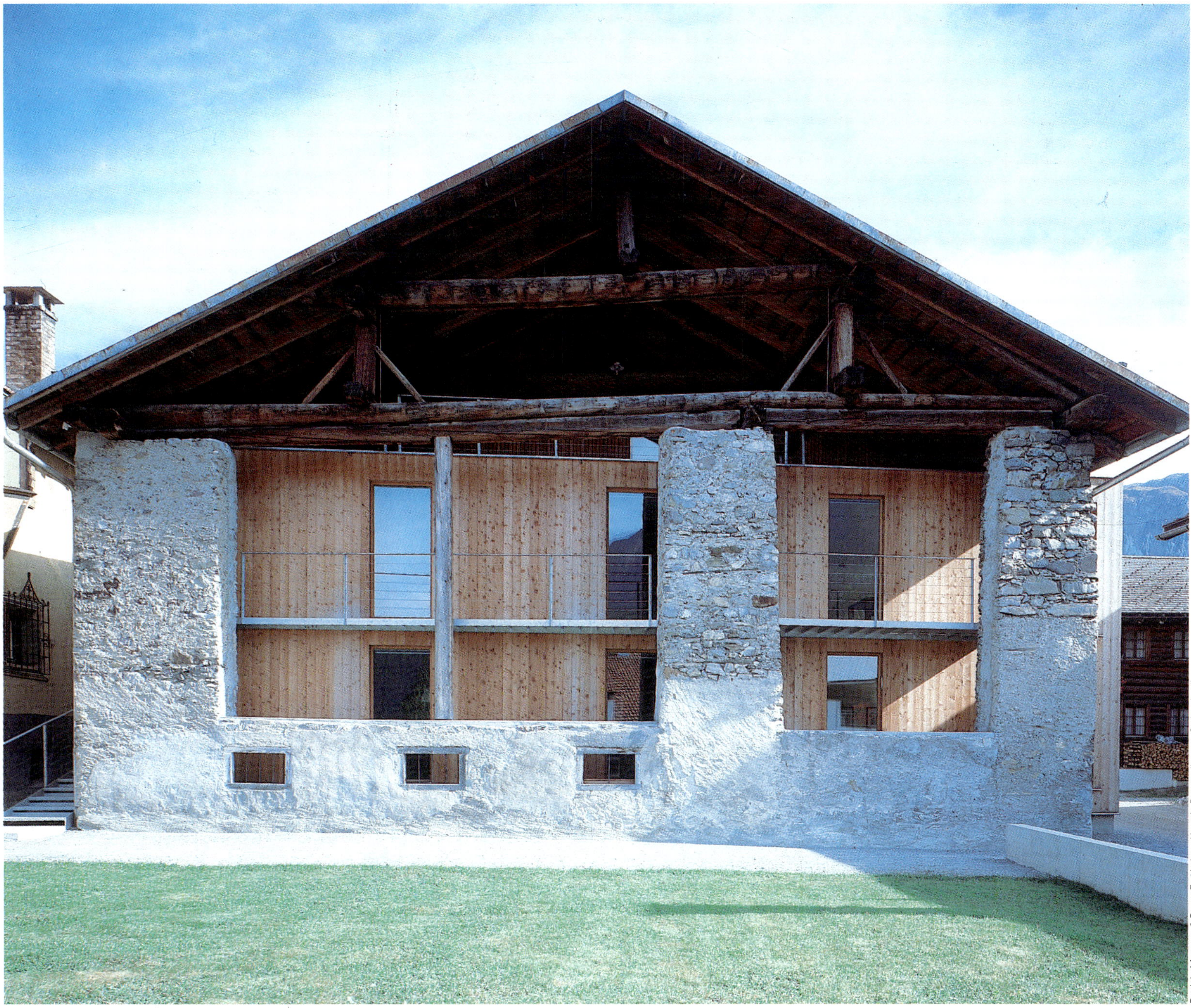

Daniele Marques & Bruno Zurkirchen. Haus in Bergün (Luzern, Switzerland)

Materials

Materiales

tiles / *tejas*

Tiles made of ceramic, mortar or cement can be found in many shapes. Each type of tile comes in a wide range of colors and finishes. There are also special tiles for particular points, such as ridges, edges, hips and vents.

The porous nature of ceramic tiles contradicts the requirement of waterproofing. When they become saturated seepage of rainwater may occur. Glazed tiles and waterproof or enamelled tiles are good alternatives to avoid this risk.

Son piezas de pequeño formato hechas de cerámica, de mortero o de cemento y se pueden hallar en formas variadas. Cada tipo de teja se presenta en una amplia gama de colores y acabados. Además, se fabrican piezas especiales para resolver puntos singulares como las cumbreras, las ventilaciones, los encuentros con paramentos salientes, los encuentros de faldón y cumbrera, etc.

La naturaleza porosa de la teja cerámica se contrapone a la exigencia de impermeabilización. Cuando ésta rebasa su saturación puede dar lugar a pequeñas filtraciones. Así, las tejas de cerámica de gres, de mortero hidrofugado o esmaltadas son alternativas lícitas para controlar este riesgo.

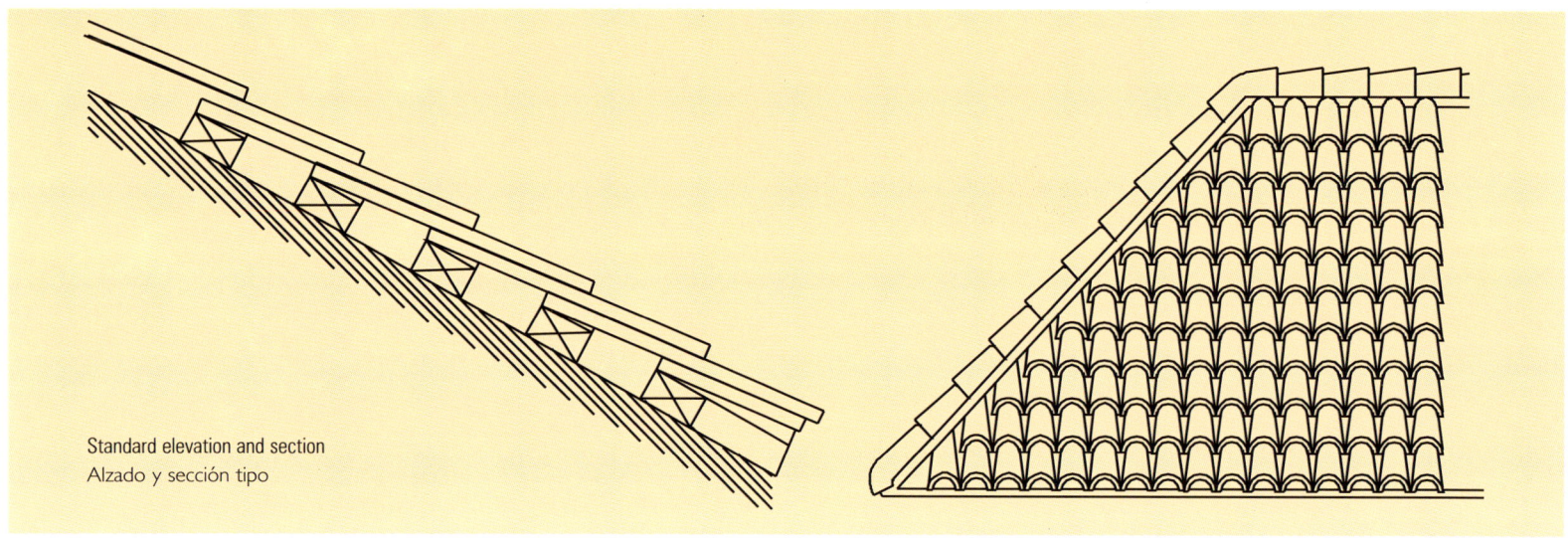

Standard elevation and section
Alzado y sección tipo

Tiles can be curved or plain.

Curved tiles, also known as Spanish tiles, have a conical or cylindrical surface. They are shaped by a pressing process. The negative mould is filled with clay and pressed. They are laid by alternating channel tiles and cover tiles. The channel tile is wider at the top and the cover tile wider at the bottom. The minimum pitch for Spanish tiles is 24% for a slope of no more than 6 m. It may be up to 35% for a maximum slope of 12 m. With stone tiles the pitch may be 125% for a slope of 12 m with an overlap of 8 cm. Finally, modern curved tiles are interlocking to provide better weather protection.

Plain tiles can be manufactured by extrusion and pressing. With the same process as that used to manufacture bricks, the clay is pressed in a mould and then cut into individual tiles. On the underside at the top edge they have two nibs or ridges and they have grooved edges to fit into each other. For plain tiles the pitch must be increased according to the length of the slope up to a maximum of 35% for a slope of 12 m. A double lap is used to avoid seepage of water.

Las tejas pueden ser curvas o planas.

La teja curva, también llamada teja árabe, está definida por una superficie cónica o cilíndrica. El sistema de encaje y la curvatura cónica se consigue a través de un proceso de prensado. De cada tipo de teja existe un molde negativo que se rellena con arcilla y luego se prensa. Su colocación se basa en la teja canal y la teja cobija. La teja canal es más ancha por la cabeza que por el pie, y la teja cobija al revés. La pendiente mínima en teja árabe es del 24% para una inclinación que no supere los 6 m. Esta pendiente puede llegar hasta un 35% para una vertiente de 12 m máximo. Cuando se trata de tejas de lajas la pendiente puede alcanzar el 125% en una vertiente de 12 m y con un solape de 8 cm. Finalmente, las tejas curvas modernas tienen encajes laterales que permiten una mayor estanqueidad de las mismas.

Por su parte, la teja plana, de forma sencilla y paralela, permite fabricarla por extrusión y posterior prensado. Con el mismo proceso empleado para fabricar ladrillos, la arcilla se prensa en una matriz y el perfil obtenido se divide en diferentes tejas. Lleva en su cara inferior y junto al borde superior dos resaltos o dientes de apoyo, y sus bordes laterales estriados o preparados para el encaje de unas con otras. La teja plana, al no solaparse, debe aumentar su pendiente mínima en función a la longitud de la vertiente hasta un máximo de 35% para una inclinación de 12 m. De la posibilidad de dar a la teja forma plana surge un nuevo tratamiento de la junta ya que no se puede solapar y se evita la filtración de agua mediante el doble encaje.

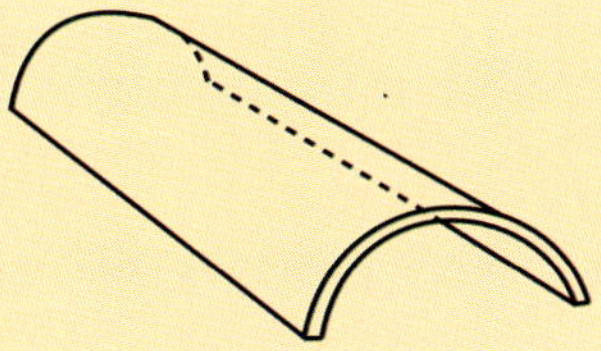

Spanish tile / Teja curva

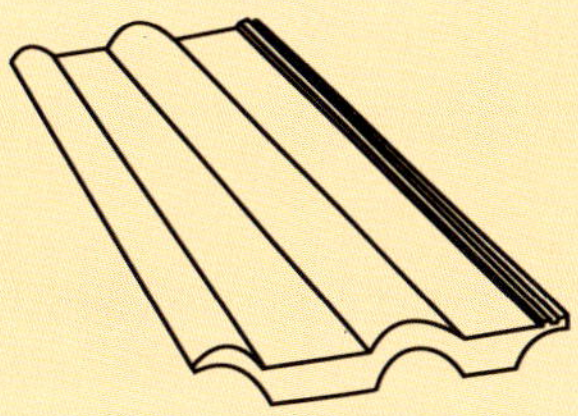

Cement roll-type tile
Teja plana de cemento

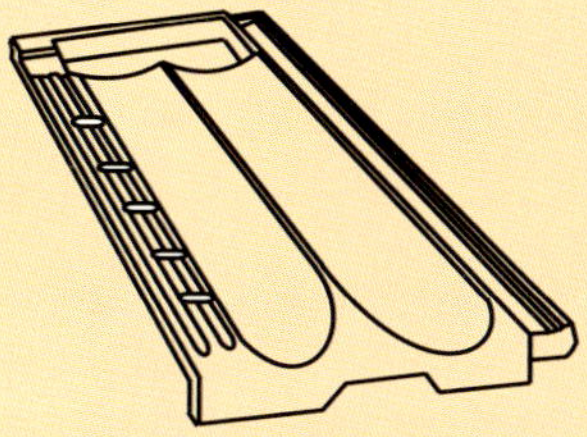

Ceramic roll-type tile
Teja plana cerámica

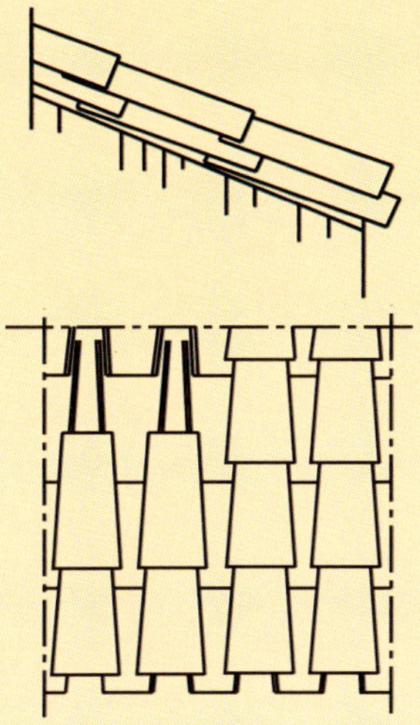

Spanish tile eave / Alero de teja curva

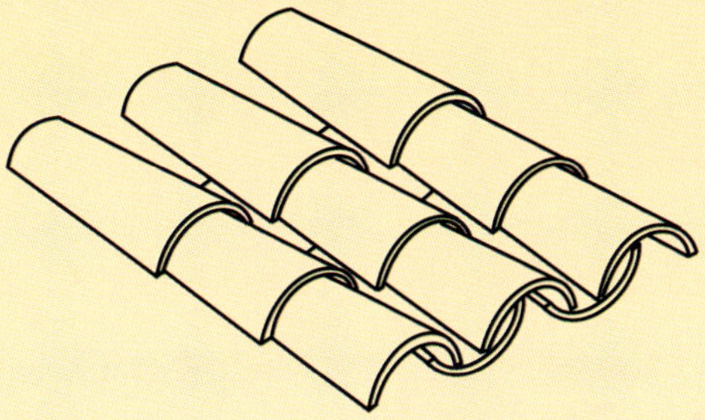

Alternation of Spanish tiles
Acoplamiento de tejas curvas

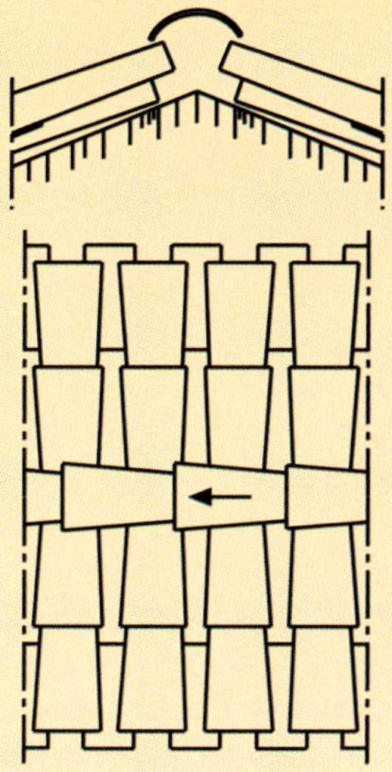

Curved ridge tile
Cumbrera de teja curva

Elio di Franco. House in Blera (Viterbo, Italy)

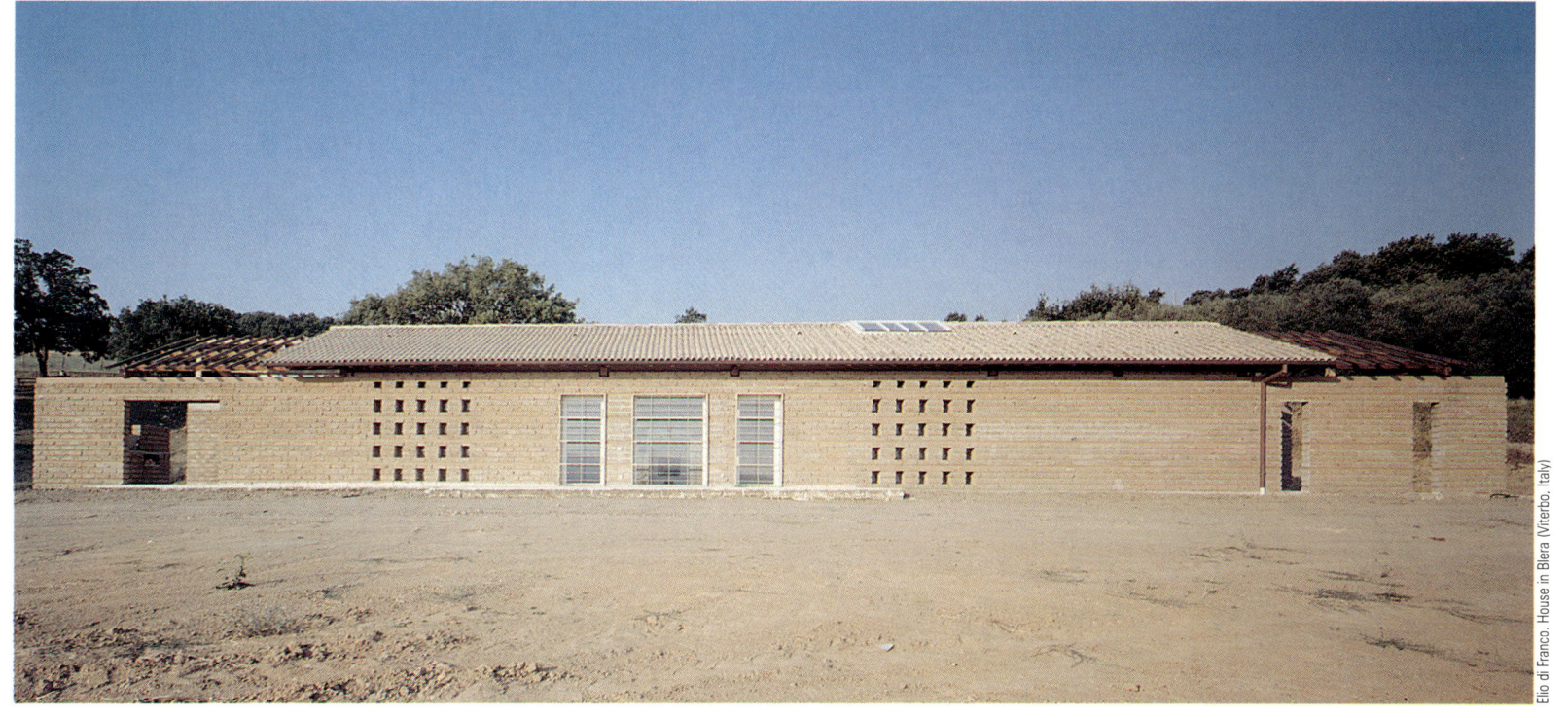

The roofs are developed longitudinally, with a gap in the middle that limits the floor area of the mezzanine in which two bedrooms are located. The use of salvaged Spanish tiles on the roof involves the difficulty of adapting them geometrically to curved edges. This problem is solved by placing the tile with a diagonal alignment to the side walls, one of the curved walls acting as a hip and the other as a valley.

The roof has a layer of extruded polystyrene placed on the slab; the insulation is covered with cladding tiles that are later rendered, and on top of this the tiles are secured at certain points with mortar. The joint with the wall defined as a hip has a granite veneer that conceals a waterproof membrane and prevents water leaking through the wall. At the bottom, another waterproof membrane and the aluminum sheet form the gutter that is also housed in a granite element on the wall that acts as a valley.

Las cubiertas se desarrollan longitudinalmente, con un salto intermedio que limita la superficie del altillo en el que se sitúan dos dormitorios. La utilización de la teja árabe recuperada para la cubierta presenta la dificultad de tener que adaptarse geométricamente a unos límites curvos. Se soluciona colocando la teja con una alineación en diagonal respecto de los muros laterales, actuando uno de los muros curvos como limatesa y el otro como limahoya.

La cubierta tiene una capa de poliestireno extruido sobre el forjado; el aislamiento se tapa con una rasilla que luego se enfosca, y sobre ésta, se coloca la teja tomada en determinados puntos con mortero. El encuentro con el muro definido como limatesa tiene un aplacado de granito que esconde una lámina impermeable y que impide la entrada de agua a través del muro. En la parte inferior, otra lámina impermeable y la chapa de aluminio forman el canalón que es recogido también por una pieza de granito sobre el muro que hace de limahoya.

Eduard Bru. Casa Cabañí (Castellar de N'Hug, Spain)

Lebanese single unit and residential vernacular architecture is invariably constituted of a cube or parallelepiped, that has a flat roof or a red-tiled pyramidal roof. Climatic considerations imposed the use of a red-tiled roof that can sustain the freezing winter conditions.

La arquitectura tradicional libanesa está invariablemente constituida por un cubo o un paralelepípedo, con una cubierta plana o un techo piramidal de tejas rojas. Las consideraciones climáticas imponen el uso de una cubierta de teja roja que puede soportar las duras nevadas en invierno.

Construction detail / Detalle constructivo

Simone Kosremelli. Fattal Residence (Faqra, Lebanon)

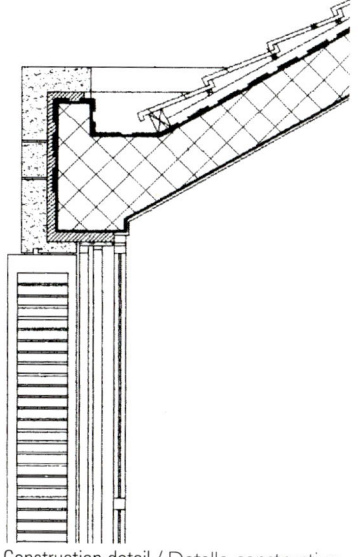

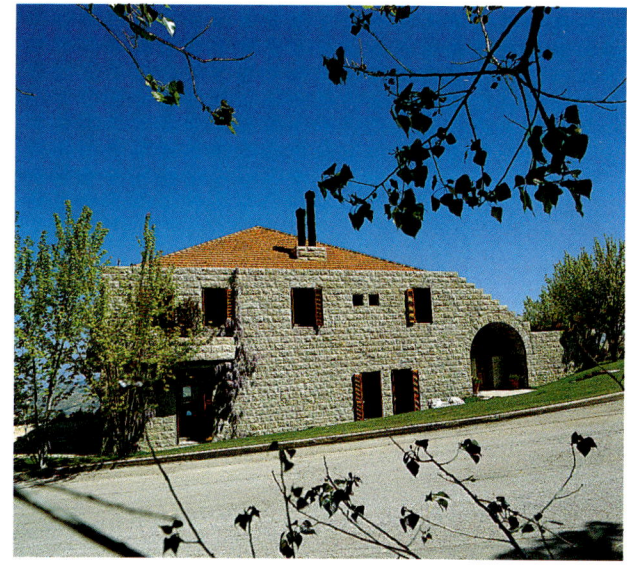

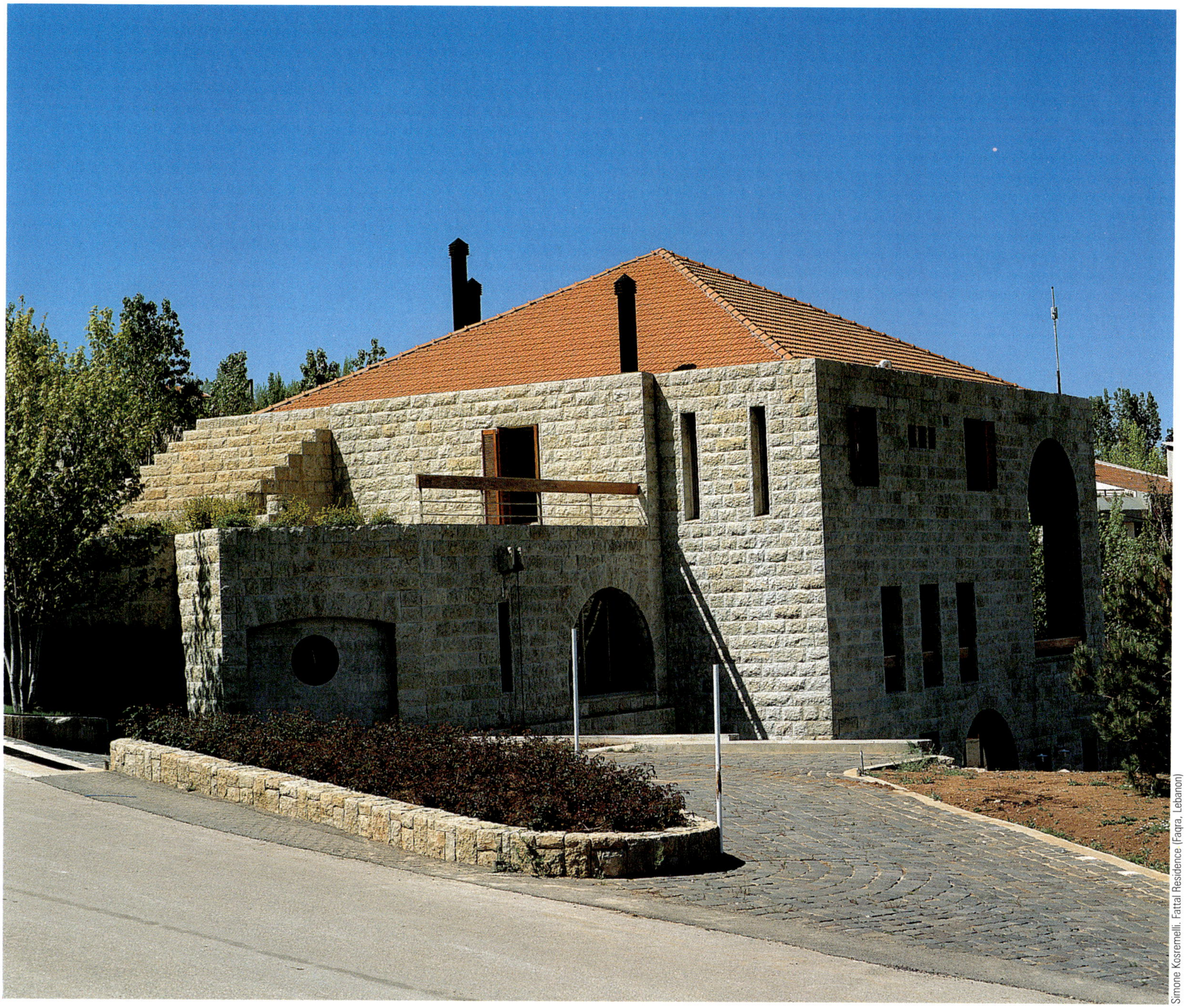

bituminous and synthetic roofing / *láminas bituminosas*

Roofs can be clad in waterproof membranes that incorporate protection against UV light, so it is only necessary to secure them against the wind. These membranes can be made of PVC, EPDM or bituminous sheet with mineral granules or thin sheets of metal that are incorporated during manufacture.

This is a solution for roofs with a minimum thickness that only needs to provide the function of waterproofing. The most traditional solution is that of self-protected roofing felt. Sheets of stabilized PVC, as well as resin and polyurethane foam, are also used for waterproofing roofs.

Existen cubiertas que van revestidas con láminas impermeables que llevan incorporadas una protección contra los rayos UV con lo cual sólo se debe asegurar su fijación frente al viento. Estas láminas son de PVC, de EPDM o láminas bituminosas con gránulos minerales o delgadas hojas metálicas incorporados durante su fabricación.

Es una solución constructiva de cubierta con mínimo espesor y con una prestación específica, ya que debe resolver su impermeabilización. La solución más tradicional es la de las láminas asfálticas autoprotegidas. También se utilizan las láminas sintéticas de PVC con plastificantes estabilizados y los revestimientos de láminas de resina y poliuretano.

Roof floor plan / Planta cubierta

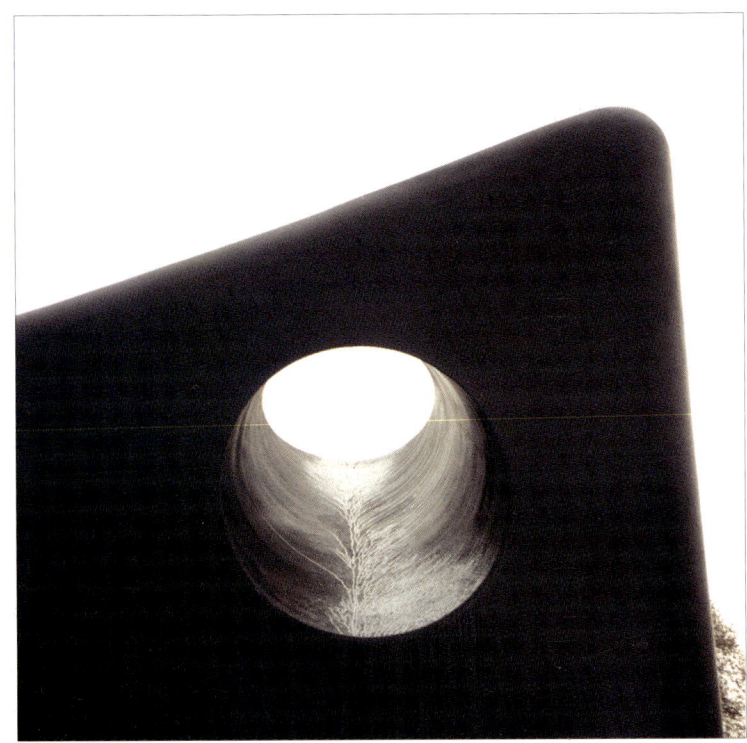

A polyurethane membrane makes for seamless architecture. The material was originally developed for roofs: strong, flexible, waterproof, durable, attractive and chemically inert (no pollution of earth and ground water). It is easily applicable by spray gun or paint roller.

Una membrana de poliuretano permite a la arquitectura prescindir de costuras. Este material se desarrolló, originalmente, para techos de aparcamientos: resistente, flexible, impermeable, duradero, estético y químicamente inerte (no contamina los suelos ni las aguas subterráneas), y se aplica fácilmente con pistola o rodillo.

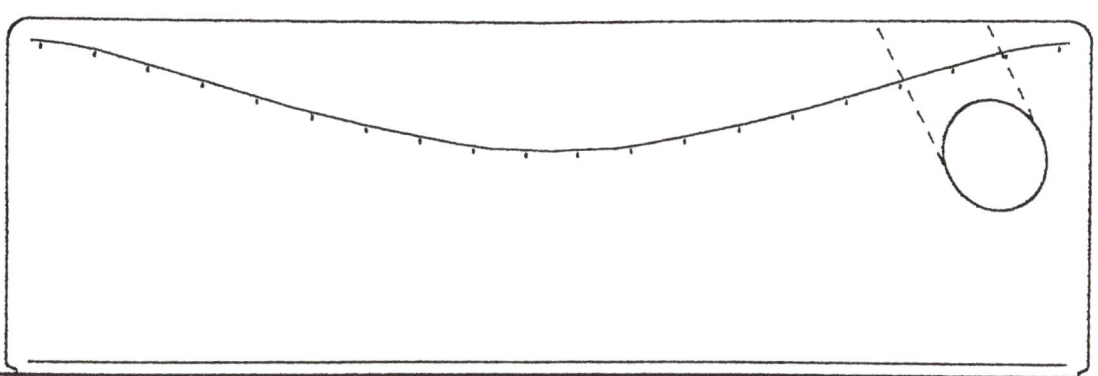

South elevation / Alzado sur

wood / madera

Wood is a natural organic material that is used increasingly in construction. The wood used must have a moisture content of 15 to 18% because completely dry wood is brittle, cracks and cannot be used for technical work. Wooden roofs must be protected from damp and changes in temperature, and the wood must be in contact with the air. Most wooden elements that are installed before they are seasoned need additional chemical protection. To avoid the effects of atmospheric changes, they must be impregnated with a surface treatment or soaking. Contact with damp or hygroscopic materials must be avoided through the use of sealing materials. Wooden buildings exposed to atmospheric agents must be constructed so that the water slips over them without penetrating the joints.

La madera es un material natural y orgánico que cada vez se utiliza más en construcción. Deben emplearse maderas con una humedad de ambiente entre un 15 y un 18%. La madera completamente seca es quebradiza, se agrieta y no puede utilizarse en trabajos técnicos. Sin embargo, hay que protegerla de la humedad, de los cambios de temperatura y de una ventilación escasa. Así, la madera debe estar en contacto con el aire. La mayoría de las piezas que se colocan en obra cuando aún no están secas necesitan una protección química adicional. Para evitar los efectos de los cambios atmosféricos es necesaria una impregnación mediante un tratamiento superficial o una imbibición de las piezas de madera. Debe evitarse el contacto con materiales húmedos o higroscópicos, mediante la interposición de una materia estanca. Las construcciones de madera expuestas a agentes atmosféricos deben estar dispuestas de manera que el agua se deslice por su superficie sin penetrar en las uniones entre las distintas piezas.

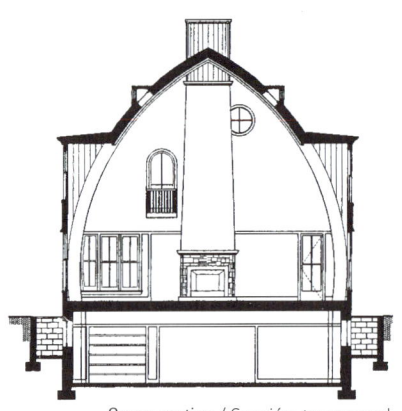

Cross section / Sección transversal

The identifying mark of the dwelling is its roof, or the lack of one. The dwelling is solved as an enormous ogival vault flanked by a series of glazed two-story lunettes that bring to mind square silos and whose height allows them to be used as interior alcoves. The house has a structure of curved beams, and the side walls clad in cedar wood rise from the foundations to meet in a longitudinal axis. The overall effect is one of balance, with a wooden structure giving a sense of unity to the space.

La seña de identidad de la vivienda es su cubierta, o la falta de la misma. La vivienda se resuelve como una enorme bóveda ojival flanqueada por una serie de lunetos acristalados de dos plantas que recuerdan a silos cuadrados y cuya altura permite que hagan las veces de dormitorios. Partiendo de una estructura de vigas curvas, los muros laterales, revestidos de madera de cedro, se elevan desde los cimientos para unirse en un eje longitudinal. Gracias al uso de la madera se consigue una sensación de equilibrio y unidad.

Dennis Wedlick. Katz House (East Hampton, New York, USA)

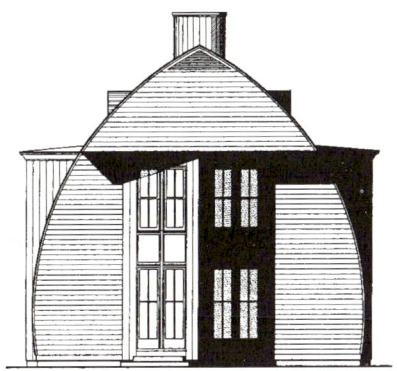

East elevation / Alzado este

Construction section
Sección constructiva

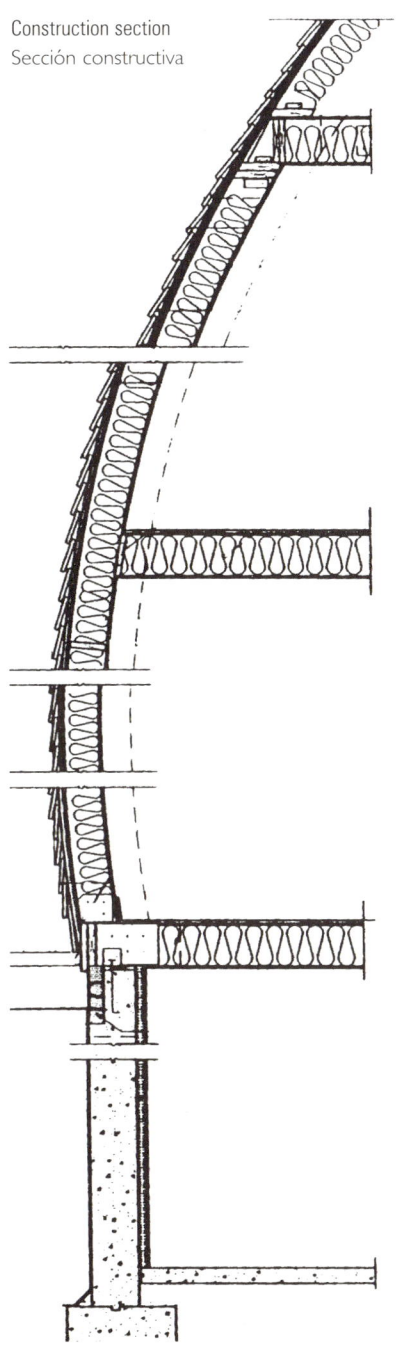

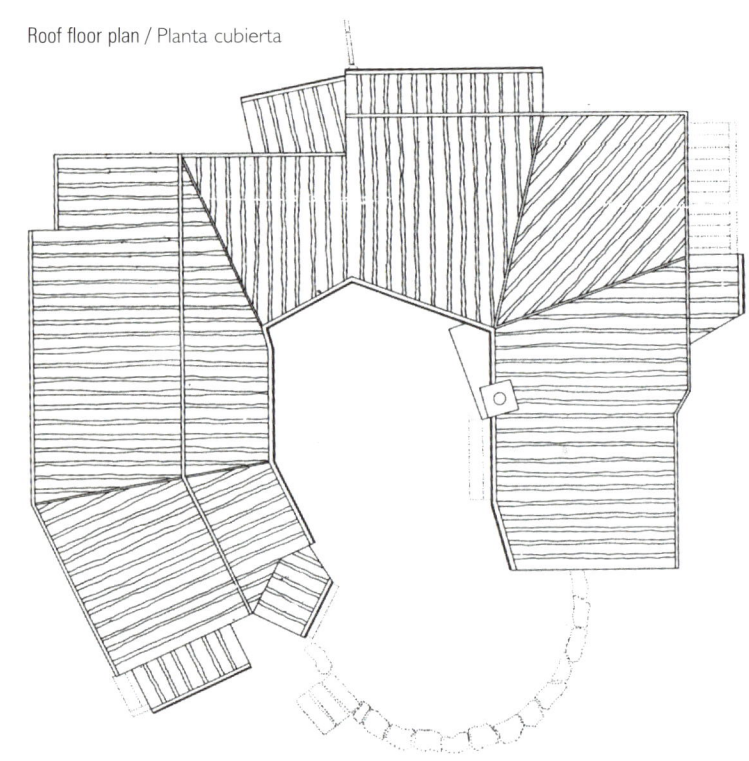

PER LINE. House in Bryne (Bryne, Norway)

Both the house and the garage are built in load-bearing external timber stud walls over a concrete foundation, and walls and roofs alike are clad in tarred timber. Features pineboard ceilings. The house folds in on itself in a crescent shape that forms an interior yard protected from, yet open to, the landscape. In order to facilitate maintenance, blend in with local traditional building styles and provide high thermal efficiency, wood is used for walls and roofs alike.

Tanto la casa como el garaje se han construido con una estructura de carga exterior de vigas de madera sobre cimientos de hormigón; asimismo, las paredes y el tejado están revestidos con madera alquitranada. El techo está recubierto de madera de pino. La vivienda se repliega sobre sí misma, dibujando una especie de croasán que permite la creación de un patio interior protegido pero abierto hacia el paisaje. Por facilidad de mantenimiento, tradición constructiva local y alto rendimiento térmico, la madera es empleada tanto en la construcción de fachadas como de cubiertas.

West elevation / Alzado oeste

Soth elevation / Alzado sur

165

glass / *vidrio*

Glass roofs have become an important element of architectural design. Current systems make it possible to fit dry glazing using insulating glass. A typical example consists of a structure of steel or aluminum profiles, between which the glass panels and ventilation elements are fitted with synthetic gasket materials to provide the seal. Insulating glass with an outer sheet of float glass and an inner sheet of safety glass tends to be used.

Protection from sunlight must be included in the design of glass roofs to prevent the greenhouse effect. This problem can be solved by placing reflective solar protection glazing on the outer face.

The following minimum slopes must be used for glass roofs:

- Glazed roofs without transverse joints: 14%
- Glazed roofs with transverse joints: 27%
- Glazed roof with ventilation: 27%
- Glazed roof with diagonal profiles not parallel to the eaves: 100%

The most economical width of the glass is between 70 and 90 cm, and the maximum length is 3 m. In glass roofs using panels of larger dimensions, transverse profiles must be used.

Las cubiertas de vidrio se han convertido en un importante elemento de diseño arquitectónico. Los acristalamientos actuales se realizan con perfiles de ajuste mecánico, sin masilla, y con vidrio aislante. La ejecución típica consiste en una estructura de perfiles de acero o aluminio, entre los que se colocan los vidrios y elementos de ventilación y en los perfiles se colocan bandas especiales de estanqueidad. Se suele emplear vidrio aislante con una hoja exterior de *flota-glass* y una hoja interior de vidrio de seguridad.

En el diseño de cubiertas de cristal se debe prever la protección solar para evitar el efecto invernadero. Se puede solucionar colocando vidrios de protección solar reflectante en la cara exterior.

Para las cubiertas de vidrio se deben respetar estas pendientes mínimas :

- Cubierta acristalada sin juntas transversales: 14%
- Cubierta acristalada con juntas transversales: 27%
- Cubierta acristalada con elementos de ventilación: 27%
- Cubierta acristalada con perfiles en diagonal, no paralelos al alero: 100%

La anchura más económica de los vidrios está comprendida entre 70 y 90 cm, y la longitud máxima es de 3 m. En las cubiertas de vidrio con dimensiones máximas se deben colocar perfiles transversales.

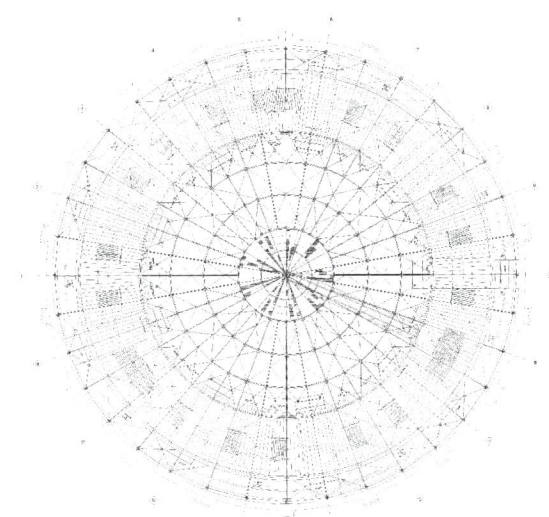

Roof floor plan / Planta cubierta

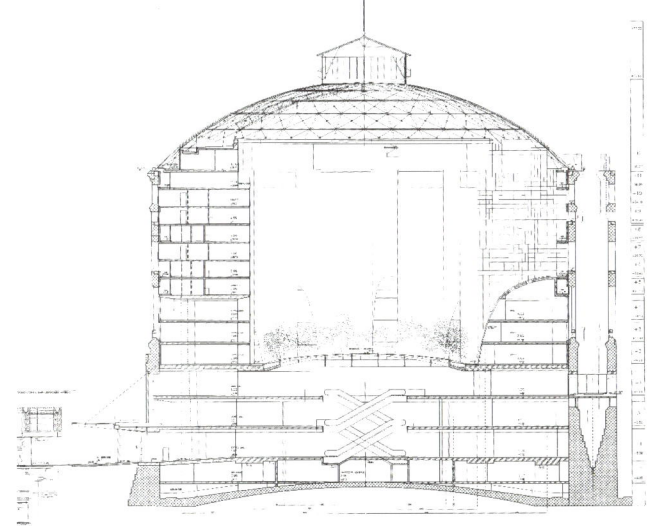

Cross section / Sección transversal

Jean Nouvel. Gasometer A (Wien, Austria)

The showroom lies under the spectacular structural glass roof, which slopes at roughly 30 degrees. The glass of the roof reflects light from the sky, constantly transforming the north facade of the building. On the south frontage the roof, with a structure of exposed timber boards, projects 7 m beyond the facade. The emergent metal structure of the glass roof and the oblique covering that ventilates the sales area and illuminates the office block is a clean break form the closed idiom of walls and roofs.

El *showroom* se encuentra bajo una espectacular cubierta acristalada, que desciende abruptamente con una inclinación de 30°. El cristal de la cubierta refleja la luz natural, transformando constantemente la fachada norte del edificio. En el alzado sur, la cubierta, con un armazón visto de madera, emerge unos 7 m con respecto al plano de fachada. Con capacidad de ventilación sobre el área de ventas y de iluminación sobre el sector de oficinas, la emergente estructura metálica de la cubierta acristalada, de plano oblicuo, supone una ruptura respecto al carácter cerrado de los muros y los planos.

Axonometric detail / Detalle axonométrico

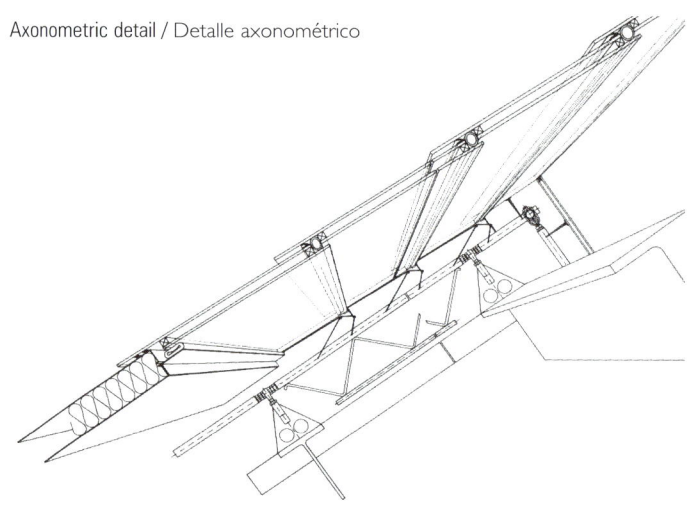

The cube has a skin of insulating glass and a glued glass-only construction. The basic structure consists of two columns, screwed to two beams at the front side, constructed in triple-sheet laminated glass. The roof boards of isolated toughened safety glass with "fritted" ceramic patterns, casting 40% shadows, are glued to these beams. The minimal number of screwed connections is not a part of the carrying structure, but has been caused by the necessity of faster drying-time of the silicon-adhesive (as the building was constructed in winter).

El cubo tiene una *piel* de cristal aislante. La estructura básica consiste en dos columnas, atornilladas a dos vigas en el lado frontal, construido en cristal de tres capas. La cubierta, que permanece aislada gracias al cristal aislante y la cerámica, proporcionando el 40% de las sombras y está unida a estas vigas. El número mínimo de conexiones atornilladas no forma parte de la estructura principal pero han sido realizadas por la necesidad de un secado rápido del adhesivo de silicona, ya que el edificio se construyó en invierno.

Aneta Bulant Kamenova & Klaus Walzer. Conversion Sailer House (Salzburg, Austria)

169

The atrium, covered with layers of transparent glass and wired glass, is a semi-outdoor space for rehabilitation and recreation where one can feel the moderate changes of natural light and wind. From the structural point of view all the glass walls were designed to withstand wind and snowfall.

El atrio, cubierto con capas de vidrio transparente y vidrio alambrado, es un espacio semiabierto para la rehabilitación y recreación, donde se pueden sentir' los ligeros cambios naturales de luz y viento. Desde el punto de vista estructural todos los cerramientos de cristal han sido dimensionados para que resistan la acción del viento y la sobrecarga de nieve.

Shoei Yoh. Sundial Welfare facility for Seniors (Fukuoka, Japan)

Two glazed square cubes set at an angle against each other and projecting into the courtyard. The roof of the cubes is also glass, giving patrons the sensation of sitting out in the courtyard, without having to endure the inconvenience of cold weather.

Los dos cubos vidriados están situados en ángulos confrontados y proyectados hacia el patio. La parte superior de los cubos también es de cristal, dando la sensación de estar fuera en el patio, sin tener que soportar las inclemencias del clima frío.

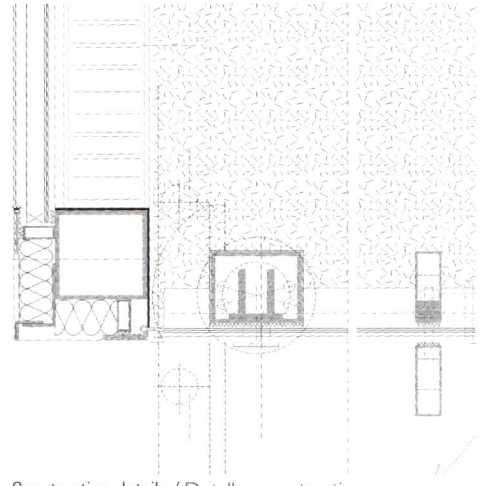
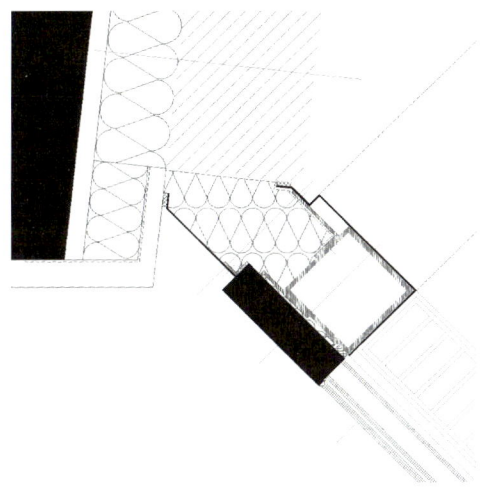

Construction details / Detalles constructivos

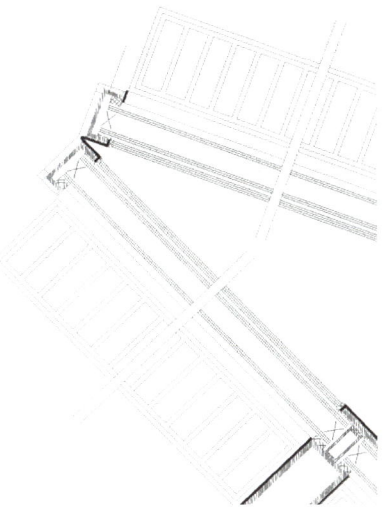

Metal roofs consist of panels, sheets or shingles and may be of galvanized steel, aluminum, zinc, copper, etc.

In sheet metal roofs the number of joints is reduced to the line of maximum slope, above all the perpendicular ones. The point of risk in these roofs is the fixing, which must be dry.

Metal roofs must be earthed because they have a high capacity of accumulation of static electricity created by the wind and changes in temperature. These roofs require careful maintenance due to the risk of corrosion and the construction process. Because metal roofs are subject to thermal expansion, the size of the panels is limited to 7-12 m according to the material used. Plain sheeting of copper or zinc is malleable and adapts to curved surfaces. Plain sheet metal crimped at the joints provides a good seal against leakage.

Consisten en revestimientos de chapas, chapas perfiladas o láminas metálicas y pueden ser de acero galvanizado, de aluminio, de zinc, de cobre, etc. En las cubiertas de chapa el número de juntas se reduce a la línea de máxima pendiente, sobre todo las perpendiculares. El punto de riesgo en estas cubiertas es la fijación que debe ser mecánica.

Se debe garantizar la puesta a tierra de las cubiertas metálicas ya que poseen una alta capacidad de acumulación de energía eléctrica estática por causa del viento y de cambios de temperatura. El mantenimiento debe ser cuidadoso debido a la corrosión y a su proceso de construcción.

La dimensión de las chapas queda limitada debido a la dilatación térmica, entre 7 y 12 m según el material de la chapa. La chapa lisa de cobre o zinc se caracteriza por su maleabilidad para adaptarse a superficies curvas. La chapa lisa es un material que ayudado del engatillado de las juntas se mantiene estanco frente a posibles filtraciones.

Bruce Kuwabara & Evan Webber. Residence and Studio in Richmond Hill (Notario, Canada)

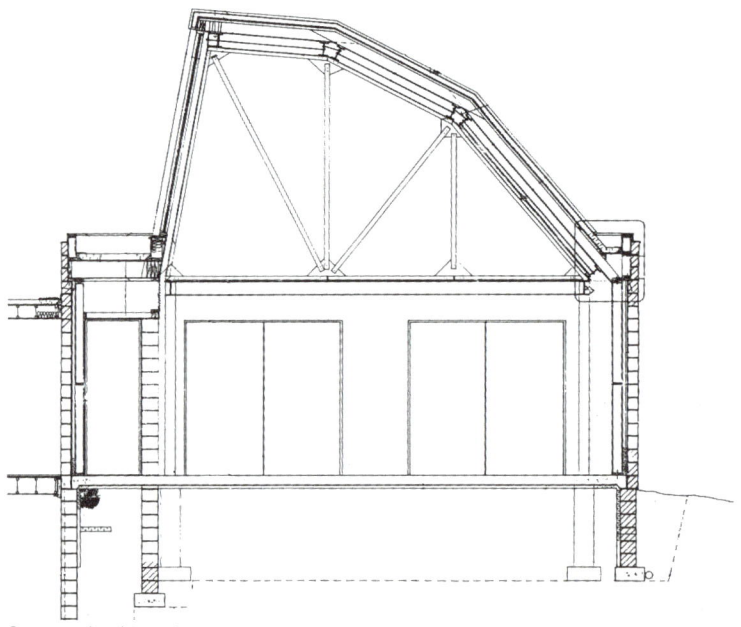

Cross section / Sección transversal

The cladding of the roof consists of corrugated aluminum sheet. The maximum length of the aluminum sheet is 7-8 m.

El recubrimiento de la cubierta consiste en una chapa ondulada de aluminio. La dimensión máxima longitudinal de la chapa de aluminio está entre 7 y 8 m.

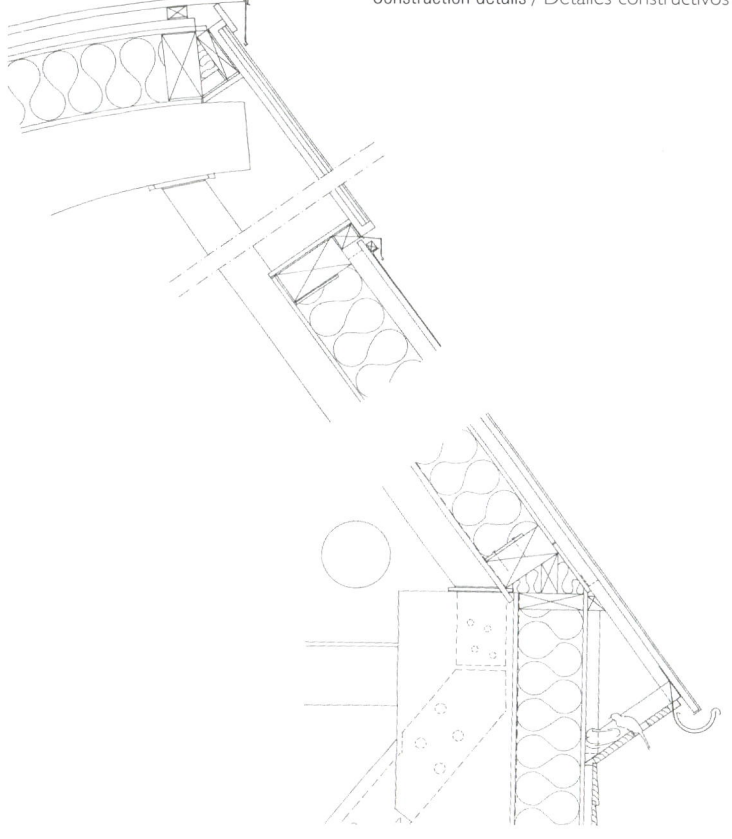

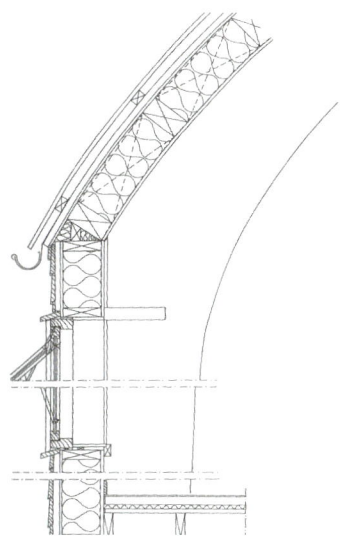

Baufrösche. Architectural Studio (Kassel, Germany)

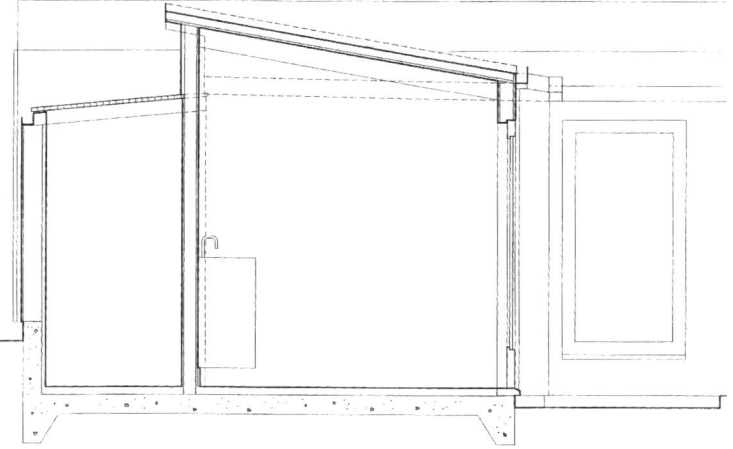

Cross section / Sección transversal

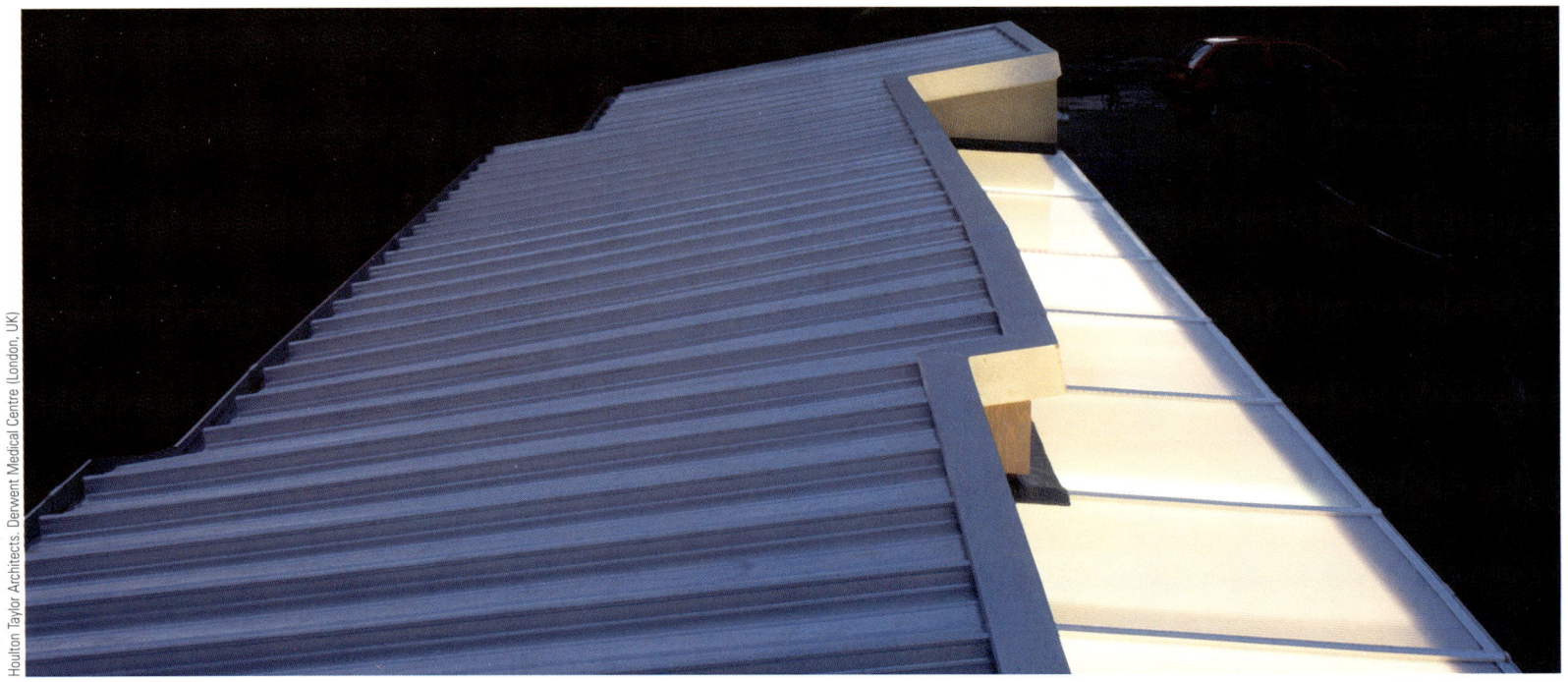

Houlton Taylor Architects. Derwent Medical Centre (London, UK)

174

Manuel de las Casas. Instituto Hispano-Luso "Rei Alfonso Henriques" (Zamora, Spain)